Jairo José Rondón Contreras

Hidrodesulfuración de Dibenzotiofeno

Jairo José Rondón Contreras

Hidrodesulfuración de Dibenzotiofeno

Síntesis, Caracterización, y Catálisis de MoS2 y NiMoS sobre MCM-48

Editorial Académica Española

Imprint

Any brand names and product names mentioned in this book are subject to trademark, brand or patent protection and are trademarks or registered trademarks of their respective holders. The use of brand names, product names, common names, trade names, product descriptions etc. even without a particular marking in this work is in no way to be construed to mean that such names may be regarded as unrestricted in respect of trademark and brand protection legislation and could thus be used by anyone.

Cover image: www.ingimage.com

Publisher:
Editorial Académica Española
is a trademark of
Dodo Books Indian Ocean Ltd. and OmniScriptum S.R.L publishing group

120 High Road, East Finchley, London, N2 9ED, United Kingdom
Str. Armeneasca 28/1, office 1, Chisinau MD-2012, Republic of Moldova, Europe
Printed at: see last page
ISBN: 978-613-9-40757-6

Hidrodesulfuración de Dibenzotiofeno

Síntesis, Caracterización, y Catálisis de MoS_2 y NiMoS sobre MCM-48

Primera Edición

Jairo José Rondón Contreras

1

Título: Hidrodesulfuración de Dibenzotiofeno:

Síntesis, Caracterización, y Catálisis de MoS_2 y NiMoS sobre MCM-48

Autor: Jairo J. Rondón C.

Diseño gráfico: Alicia E. Velásquez.

Maquetado: Jairo J. Rondón C.

Revisor Técnico: Héctor L. Del Castillo P.

Aprobado: Facultad de Ciencias,

Universidad de Los Andes, Mérida, Venezuela, 2015.

Primera edición: Julio, 2024.

DEDICATORIA

A mi esposa Alicia y mi hija Paula, mis dos amores.

CONTENIDO

ÍNDICE DE FIGURAS

AGRADECIMIENTOS

A mis padres motivo de admiración, a quienes les debo agradecer darme la vida y formarme como un hombre independiente, infundiendo la conducta y firmeza moral que dirige mi camino por la vida. Sé que siempre estarán orgullosos de mí.

A mi esposa Alicia y mi hija Paula por llenar mi vida de amor y de alegrías.

A mis colegas que siempre me apoyaron en la realización de este libro.

Al Dr. Héctor Del Castillo, quienes estuvo muy al pendiente de este proyecto, brindando su apoyo y sus conocimientos en todo momento, mil gracias.

A la Ilustre Universidad de Los Andes por darme la oportunidad de desarrollarme de forma integral.

INTRODUCCIÓN

Actualmente a escala global el desarrollo de catalizadores de hidrodesulfuración viene de la mano con el perfeccionamiento de procesos químicos orientados al aprovechamiento de corrientes energéticas capaces de minimizar el daño al medio ambiente. Bajo este orden de ideas, la industria del petróleo esta sujeta al cumplimiento de regulaciones gubernamentales que requieren la producción y el uso de combustibles más cuidadosos con el medio ambiente con menor contenido de azufre. Asimismo, el nivel de azufre en los combustibles como la gabsolina y el gasóleo (Diesel) debe ser reducido a 0,01 ppm [i, ii]. Por esta razón, el desarrollo de catalizadores con gran actividad y selectividad para el proceso de hidrodesulfuración (HDS) es uno de los problemas más apremiantes que enfrenta la industria del petróleo.

Los catalizadores HDS generalmente consisten en pequeños cristales de MoS_2 o de (Co, Ni o W), dispersos en un soporte de alúmina con Ni presente en diferentes formas. El níquel está presente en forma de sulfuro de níquel y como celosías en la espinela de alúmina, pero la forma activa se atribuye a átomos de níquel coordinativamente insaturados situados en los bordes de los cristales de MoS_2 (llamada fase activa o fase NiMoS). Debido a este hecho, el método de preparación del catalizador o procedimiento de sulfuración puede afectar fuertemente la distribución de los metales entre sus formas activas e inactivas [iii, iv].

En consecuencia, el objetivo de este documento se orienta al desarrollo de catalizadores del tipo sólidos mesoporosos como MCM-48 con incorporación de MoS_2 y $NiMoS_x$ generado in situ, por dos rutas de síntesis tales como: Descomposición del hexacarbonilo de molibdeno mas azufre durante la impregnación e Impregnación incipiente con $(NH_4)_6Mo_7O_{24}$ (heptamolibdato de amonio) con o sin Ni mas H_2/H_2S. Así mismo se evaluará el comportamiento y desempeño catalítico de estos sólidos en la reacción de hidrodesulfuración de dibenzotiofeno. El análisis y caracterización de los catalizadores se realizará por medio de las siguientes técnicas: difracción de rayos X (DRX), absorción de nitrógeno, microscopía electrónica de barrido (MEB), análisis químico elemental (EDX), microscopía electrónica de transmisión (MET). Los productos de reacción serán analizados en un cromatógrafo de gases Agilent 6890 dotado de un detector de ionización en llama, columna capilar PONA.

CAPITULO 1. CONCEPTOS BÁSICOS DE LA HIDRODESULFURACIÓN DE DIBENZOTIOFENO

1.1. Petróleo

La palabra "petróleo" tiene sus raíces en los términos latinos "PETRA" y "OLEUM", que significan "piedra" y "aceite" respectivamente. Esto se debe a que el petróleo se encuentra en la naturaleza atrapado en las rocas subterráneas. Aunque aún no se ha determinado con certeza el origen exacto del petróleo, hay una teoría ampliamente aceptada que sugiere que tiene un origen orgánico y sedimentario. Esta teoría indica que el petróleo se forma a partir de la descomposición de restos vegetales y animales que se acumulan en los mares y océanos. Con el tiempo, estos restos son cubiertos por sedimentos y sometidos a un proceso fisicoquímico complejo. Durante este proceso, la presión, el calor, la acción de microorganismos y el paso del tiempo transforman estos materiales en aceite y gas, dentro de un medio poroso compuesto principalmente de arcillas y arenas, conocido como roca madre petrolífera [v].

El petróleo es una mezcla natural oleosa y combustible, que puede variar en color desde el amarillo hasta el negro. Su densidad es igual o inferior a la del agua, y su viscosidad puede diferir considerablemente según su origen. En su forma natural, el petróleo contiene una amplia gama de hidrocarburos en estados sólidos, líquidos y gaseosos.

Estos hidrocarburos están compuestos por átomos de carbono e hidrógeno, con variaciones tanto en la proporción de estos elementos como en su estructura molecular. Además, el petróleo contiene pequeñas cantidades de elementos inorgánicos como oxígeno (O), azufre (S), nitrógeno (N), vanadio (V), hierro (Fe) y níquel (Ni). Estos elementos están presentes en el petróleo en forma de grupos funcionales como fenoles, cresoles, mercaptanos, tiofenos, sulfuros, disulfuros y compuestos organometálicos, los cuales tienen un impacto en la calidad de los productos derivados del petróleo [v].

El petróleo, en términos de su composición química típica, está constituido predominantemente por carbono (85%) e hidrógeno (11,98%). Además, contiene menores cantidades de oxígeno (2%) y azufre (1%). También incluye trazas de metales como vanadio (0,0075%), níquel (0,005%), hierro (0,004%) y cobre (0,003%). Otros elementos, aunque presentes en cantidades extremadamente pequeñas, suman el 0,0005% restante de su composición total. Estos componentes, como se muestra en la Figura 1, contribuyen a la compleja naturaleza del petróleo y afectan sus propiedades y la calidad de sus derivados [vi].

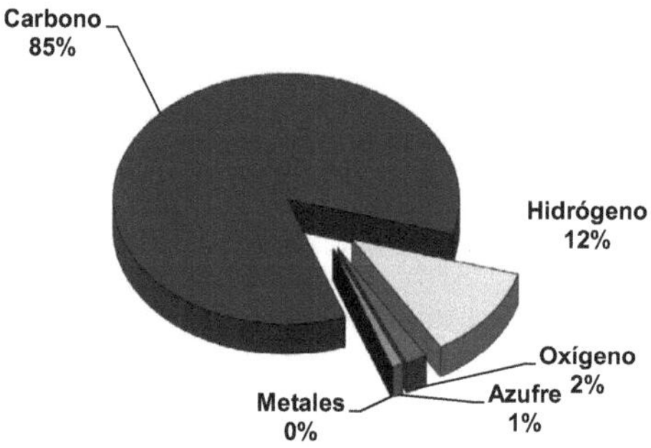

Figura 1. Composición química del petróleo.

Desde un punto de vista estructural, el petróleo está compuesto principalmente por tres tipos de hidrocarburos: alifáticos, nafténicos y aromáticos. Los hidrocarburos alifáticos son cadenas de carbono e hidrógeno que pueden ser lineales o ramificadas, mientras que los hidrocarburos nafténicos son estructuras cíclicas saturadas. Los hidrocarburos aromáticos, por otro lado, contienen anillos de benceno, lo que les da propiedades específicas.

La proporción de estos diferentes tipos de hidrocarburos en el petróleo varía y está influenciada por la madurez de los yacimientos o reservorios de donde se extrae. Yacimientos más maduros tienden a tener una mayor concentración de hidrocarburos más pesados y complejos, mientras que los más jóvenes suelen tener una mayor proporción de hidrocarburos más ligeros.

Esta variabilidad en la composición afecta las propiedades del petróleo crudo y su procesamiento durante la refinación. Los criterios de clasificación del petróleo más comúnmente usados son gravimétricos (Tabla 1) y químicos. El primero de ellos toma en consideración la gravedad API, American Petroleum Institute (densidad relativa) [v], la cual se calcula mediante la ecuación, descrita a continuación:

$$Grados\ API = \frac{141,5}{\text{Densidad relativa}} - 131,5 \qquad (1)$$

Donde la densidad relativa viene dada por:

$$\text{Densidad relativa} = \frac{\text{Densidad del líquido}}{\text{Densidad del agua}} \quad (A\ 60°F) \qquad (2)$$

De acuerdo con la gravedad API, el petróleo puede clasificarse como se muestra en la Tabla 1. El segundo criterio, toma en consideración el porcentaje de la misma familia que predominan en el crudo, por lo tanto, se clasifican en petróleos o crudos parafínicos, nafténicos, aromáticos o mixtos [vii, viii, ix].

Tabla 1. Tipo de petróleo según su densidad.

Petróleo o Crudo	Densidad (g/ cm^3)	Densidad Relativa (°API)
Extrapesado	>1,00	<10,00
Pesado	1,00 - 0,92	10,00 - 22,3
Mediano	0,92 - 0,87	22,30 - 31,10
Ligero	0,87 - 0,83	31,10 – 39,00
Superligero	< 0,83	> 39,00

1.1.1. Azufre y sus compuestos en derivados del petróleo

El contenido de Azufre en el crudo puede extenderse hasta 7 u 8 % en peso para casos extremos, en Venezuela se encuentra en el orden del 2 a 5 %, dependiendo de la fuente del crudo. En los crudos con contenido moderadamente alto de 2 a 3 %, los compuestos azufrados podrían representar la mitad del total de moléculas presentes. Por lo que, las fracciones del crudo con altos puntos de ebullición pueden contener, en promedio dos o más átomos de azufre por molécula. Así mismo, el sulfuro de hidrógeno (H_2S) y el azufre elemental (S) se encuentran disueltos en el crudo, pero el H_2S puede separarse con los gases ligeros como metano, etano y propano.

El azufre en las fracciones del crudo se extiende desde compuestos identificables muy simples en las fracciones ligeras, donde generalmente, está presente como compuestos alifáticos, a compuestos que son difíciles de identificar en las fracciones pesadas, en las que tiende a estar presente casi exclusivamente en estructuras complejas de anillos, debido a que, al aumentar el rango de ebullición, estos compuestos tienden a ser compuestos aromáticos.

Los principales tipos de combustibles de origen fósil son: la gasolina, el diésel y el querosén (jet fuel), un cuarto tipo corresponde a las fracciones de residuos y redestilados de los carburantes antes mencionados, cada uno de estos se diferencian en su composición química y propiedades. Song *et. Al.,* [x] demostraron que los principales compuestos de azufre existentes en la gasolina son el tiofeno; 2-metiltiofeno (2-MT); 3-metiltiofeno (3-MT); 2,4-dimetiltiofeno (2,4-DMT) y benzotiofeno. Los compuestos sulfurados presentes en el querosén son principalmente benzotiofenos y sus derivados alquílicos, los cuales poseen grupos alquílicos en la posición 2 y 3, y por ello son los más difíciles de eliminar para este tipo de combustibles, los presentes en diesel son los alquilbenzotiofenos, los dibenzotiofenos y sus derivados sustituidos.

La distribución de los tipos de compuestos con azufre es diferente y muy variable, por lo que, en la Tabla 2 solo se presentaran algunos de los compuestos organosulfurados que se encuentran generalmente en el crudo y sus corrientes.

Tabla 2. Compuestos de azufre presentes en varias fracciones del petróleo.

Combustible	*Fracciones de refinación*	*Compuestos de azufre presentes*
Gasolina (Pto. Ebullición: 25-225 °C)	Nafta, craqueo catalítico fluidizado (FCC).	Mercaptanos, RSH. sulfuros, RSR. disulfuros, RSSR. tiofenos (TP) y sus derivados alquilados. Benzotiofenos (BT).
Combustibles querosén (jet fuel) (Pto. Ebullición:130-300 °C)	Querosén, nafta pesada, destilados intermedios.	Mercaptanos, RSH. benzotiofenos (BT) y sus derivados alquilados.

| Combustibles diesel (Pto. Ebullición:160-380°C) | Destilados intermedios, aceite cíclico ligero (LCO). | Benzotiofenos (BT) alquilados. dibenzotiofenos (DBT) y sus derivados alquilados. |
| Combustibles para alimentaciones de calderas (fuel oils; Pto. Ebullición: >380°C) | Petróleo pesado y residuos de destilación. | Compuestos policíclicos $\geq$ a tres anillos, incluyendo DBT y benzonaftotiofenos (BNT). fenantro[4,5-b,c,d] tiofeno (TP) y sus derivados alquilados. |

1.2. Refinación

Al conjunto de procesos físicos y químicos que permiten transformar un crudo en productos útiles se le denomina refinación. La refinación consiste en el empleo de calor, presión y/o sustancias químicas para separar, combinar y transformar los tipos básicos de moléculas de hidrocarburos que se hallan de forma natural en el petróleo. Mediante procesos de refinación especializados, se pueden inclusive reorganizar las estructuras y los tipos de enlaces de los compuestos de base, con el fin de convertirlos en productos de mayor valor comercial y aplicación. En la mayoría de los casos, las propiedades de los productos resultantes de la refinación del petróleo y sus fracciones están directamente relacionadas con las características del hidrocarburo que se pretende separar o convertir. De allí que el factor más significativo del proceso no necesariamente es el tipo de compuesto químico que se emplea como medio de separación o reacción, sino el tipo de hidrocarburo presente en el crudo (parafínico, nafténico o aromático).

En términos generales, en la refinación del petróleo se pueden distinguir tres procesos u operaciones básicas: procesos de separación, procesos de conversión y procesos de hidrotratamiento (HDT) o purificación. El proceso de separación consiste en la división del crudo en diferentes fracciones sin producir alteraciones en la estructura del compuesto. Este se basa en la diferencia de solubilidad, peso molecular, punto de ebullición y/o polaridad de las distintas fracciones que componen el crudo.

Los procesos de conversión se fundamentan en la transformación de la estructura molecular de los componentes del petróleo, generalmente por la acción de calor y/o con el uso de catalizadores. Por su parte, los procesos de hidrotratamiento o purificación utilizan hidrógeno como insumo principal, el cual reacciona y remueve los compuestos de azufre, nitrógeno, metales y oxígeno presentes en los hidrocarburos. Esta operación se realiza con el fin de alcanzar las especificaciones comerciales de los combustibles, las cuales están íntimamente relacionadas con el aspecto ambiental. En este proceso ocurren reacciones adicionales que permiten convertir las olefinas en compuestos saturados y reducir el contenido de aromáticos. El hidrotratamiento requiere de altas presiones y temperaturas, la conversión se realiza en un reactor químico con catalizador sólido constituido por γ-alúmina impregnada con molibdeno, níquel y/o cobalto [xi]. Es importante señalar que, en refinación, los procesos de separación pueden ser aplicados directamente al petróleo o alguno de sus derivados, mientras que las tecnologías de conversión e hidrotratamiento se encuentran prácticamente circunscritas a la transformación de corrientes residuales y fracciones del petróleo.

1.2.1. Hidrodesulfuración (HDS)

El término hidrodesulfuración se usa para referirse al proceso orientado a la eliminación profunda de azufre. En tal proceso, la fracción de hidrocarburos es mezclada con hidrógeno y se hace circular por un catalizador de hidrodesulfuración bajo condiciones adecuadas de presión y temperatura. El objetivo primordial, es romper los enlaces de carbono-azufre presentes en el material a tratar, y saturar con hidrógeno las valencias libres o los dobles enlaces olefínicos resultantes formados en la etapa de rearreglo. Así se obtiene el combustible sin azufre (H_2S). Por lo general este azufre se encuentra combinado formando componentes químicos, que de ser encontrados en las corrientes del petróleo contaminarían provocando graves daños ambientales [xii]; por esta razón, hoy en día se regula estrictamente la presencia de este elemento dentro de estas fracciones, lo que genera la necesidad de producir procesos y catalizadores para la tecnología de HDS. En la Figura 2, presenta reacciones típicas de HDS.

$$\text{Mercaptanos:} \quad RSH + H_2 \longrightarrow RH + H_2S$$

$$\text{Sulfuros:} \quad R\text{-}S\text{-}R + 2H_2 \longrightarrow 2RH + H_2S$$

$$\text{Disulfuros:} \quad R\text{-}S\text{-}S\text{-}R + 3H_2 \longrightarrow 2RH + 2H_2S$$

$$\text{Tiofeno:} \quad + 4H_2 \longrightarrow C_4H_{10} + H_2S$$

Figura 2. Principales reacciones de HDS [xiii].

Generalmente, las reacciones que ocurren en este proceso pueden ser clasificadas como reacciones de hidrogenólisis e hidrogenación [xiv]. En estas reacciones de hidrogenólisis ocurre el rompimiento del enlace C-S. En las reacciones de hidrogenación, los compuestos no saturados existentes y los que se forman, pueden hidrogenarse durante el proceso.

$$R^{'} - CH = CH_2 \quad + \quad H_2 \quad \xrightarrow{H_2S} \quad R^{'} - CH_2 - CH_3 \quad + \quad H_2S \quad (6)$$

Estas reacciones son exotérmicas, y ocurren con una disminución en la presión del sistema debido al consumo de hidrógeno. Debido a la gran variedad de compuestos azufrados presentes en el petróleo y en sus corrientes y aunque se han realizado un sin fin de estudios sobre la cinética de las reacciones de HDS de compuestos puros, no se ha profundizado lo suficiente en el estudio de la cinética de cargas industriales. Sin embargo, los resultados obtenidos por De La Cal [xv], Fuentes [xvi], llegaron a las siguientes conclusiones:

La cinética es de primer orden respecto al hidrógeno (H_2) a baja presión y de orden cero a presiones altas. Para cargas industriales, la cinética aparente es de segundo orden con respecto a los compuestos sulfurados. Para la hidrodesulfuración de moléculas como tiofeno y dibenzotiofeno se observa una cinética de primer orden con respecto al compuesto sulfurado. Los compuestos de bajo peso molecular son más fáciles de hidrodesulfurar que los de mayor peso molecular. Los aromáticos y el sulfuro de hidrógeno actúan como inhibidores. Así mismo, las variables más significativas son la temperatura, la presión parcial de hidrógeno, la velocidad espacial y la fracción de hidrógeno reciclado. Al aumentar la temperatura se eleva la conversión y el consumo de hidrógeno. A temperaturas por encima de 400 °C, son importantes las reacciones de craqueo, por lo que aumenta el consumo de hidrógeno y la formación de coque. A bajas presiones, la velocidad de reacción aumenta directamente con la presión de hidrógeno, mientras que a presiones elevadas este efecto no es tan marcado. Por otro lado, el aumento en la presión de hidrógeno reduce la formación de coque, alargando la vida del catalizador. Las condiciones de operación varían de acuerdo con las características de la alimentación. En general, la severidad de las condiciones aumenta con el peso molecular de la alimentación y con el incremento en la concentración de contaminantes en esta [xvii]. En condiciones típicas de operación, la temperatura varía entre 300 y 400 °C, la presión entre 10 y 100 atm, velocidad espacial entre 1,5 y 8,0 h^{-1} y recirculaciones de hidrógeno entre 60 y 400 m^3/h alimentado.

1.2.2. Mecanismos de reacción para la HDS de compuestos tiofénicos

La hidrodesulfuración (HDS) es la reacción catalítica de moléculas azufradas con hidrógeno cuyo objeto es el de saturarlas y al mismo tiempo remover el heteroátomo de azufre, mediante el rompimiento del enlace C-S y/o su hidrogenación, dando como productos compuestos desulfurados (hidrocarburos) y H_2S, sin alterar significativamente el peso molecular promedio de la carga.

Las reacciones de la HDS son termodinámicamente exotérmicas e irreversibles, el esquema de reacción es común en estos compuestos azufrados e incluyen un paso de hidrogenación (la hidrogenación es reversible) la cual puede ser afectada por la termodinámica, ya que en condiciones normales de HDS el equilibrio en la hidrogenación tiene valores relativamente bajos. Cuando suceden varias reacciones en un proceso, es difícil entender cada una de manera individual y más aún entender sus efectos competitivos; de ahí que es necesario utilizar moléculas modelo para entender el mecanismo de reacción.

1.2.2.1. Hidrodesulfuración de tiofeno

Las estructuras tiofénicas se han usado ampliamente en los estudios de desulfuración, ya que son representativas del tipo de compuestos de azufre que suelen encontrarse en las fracciones del petróleo. De todos los compuestos modelo, el más ampliamente usado es el tiofeno ya que su reacción se puede realizar bajo condiciones no muy extremas y presenta facilidades para su manipulación y análisis.

En la literatura se han sugeridos varios mecanismos de reacción para la HDS del tiofeno, en la Figura 3 se describen algunos de estos mecanismos [xvii, xviii]. La ruta (a, b) propone que el paso inicial de la reacción es la ruptura del enlace C-S y está sustentada en la presencia de butadieno y la ausencia de tetrahidrotiofeno, en los productos de reacción obtenidos en estudios realizados a presión atmosférica. Varios autores han propuesto que esta es la principal ruta para la reacción [xvii, xviii].

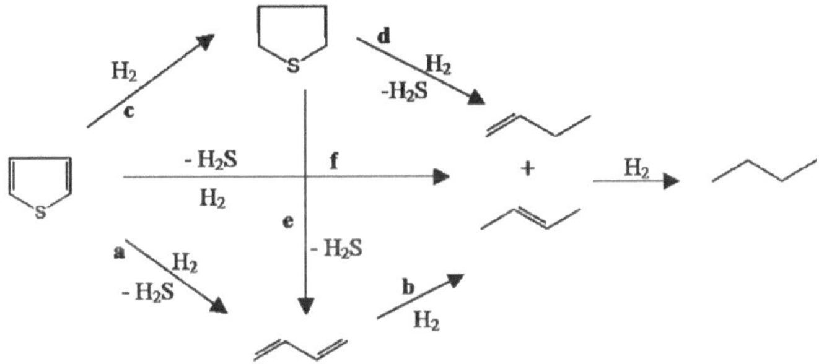

Figura 3. Mecanismos de reacción propuestos para la HDS del tiofeno [xviii].

Estudios teóricos de orbital molecular para el tiofeno adsorbido sobre una molécula hipotética de Mo_xS_x ha sugerido que ocurre con alta probabilidad un paso que involucra la hidrogenación parcial previo a la ruptura del enlace C-S (ruta c, d). También se ha sugerido una vía directa para la HDS del tiofeno directamente a butano a través de un mecanismo concertado de hidrogenación y ruptura simultánea del enlace C-S sobre la base de la ausencia de tetrahidrotiofeno en la fase gaseosa [xvii, xviii].

La HDS es una reacción catalizada heterogéneamente. Se ha encontrado que los sulfuros metálicos soportados son los mejores catalizadores para la reacción de HDS. Tanto los sulfuros de molibdeno y tungsteno son catalizadores que muestran una gran actividad en este tipo de reacciones. Hoy día, alrededor del mundo se utilizan los catalizadores basados en molibdeno en los procesos relacionados con la eliminación de azufre.

Para estos tipos de catalizadores se ha propuesto la existencia de sitios catalíticos diferentes. Estos sitios pueden ser representados como un equilibrio entre ácidos de Lewis (L) y de Brönsted (B), Figura 4.

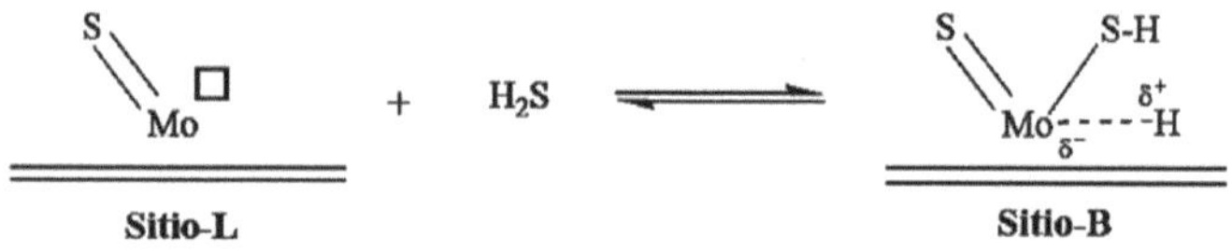

Figura 4. Sitios activos presentes en la superficie de un catalizador de HDS.

Los sitios-L son responsables de la hidrogenación, y de la vacancia aniónica asociada con los átomos de Mo o W (metal) situados en las aristas y/o bordes de la estructura de MoS_2 y los sitios-B, situados en las esquinas, son responsables de la hidrogenólisis, por lo tanto, más propensos a resistir envenenamiento. Esto también puede ser explicado mediante la postulación de especies iónicas con diferentes estados de oxidación y coordinación:

$$Mo^{6+}(W^{6+}) + 2e^{-} \rightarrow Mo^{4+}(W^{4+}) \qquad (7)$$

Donde las especies menos reducidas (Mo^{6+}, Mo^{5+} o W^{6+}, W^{5+}) serían las responsables de la actividad hidrogenante, y los más reducidos (Mo^{4+} o W^{4+}), las responsables de la hidrogenólisis (Ecuación 7) [xxix].

La actividad en HDS depende del grado de sulfuración del catalizador y de las condiciones que se generan *in situ* durante el proceso. Por lo tanto, muchos de estos catalizadores, antes de ser utilizados, son sometidos a un pretratamiento fisicoquímico que da origen a algunos cambios en los catalizadores y que, normalmente, son significativos. La activación es una de las etapas más importantes en la preparación de un buen catalizador para HDS, ésta puede obtenerse mediante diferentes vías, tales como: reducción con hidrógeno, en donde la fase activa precursora de los catalizadores es activada antes de la reacción por medio de un tratamiento reductivo que genera sitios activos por pérdida de oxígeno, y sulfuración o sulfuración-reducción, en donde la fase precursora es transformada en la fase sulfurada activada, siendo posible sulfurar con la carga que ha de ser convertida (mezcla de H_2 e hidrocarburos sulfurados) o con compuestos sulfurados, como CS_2 ó H_2S en presencia o no de hidrógeno [xvii].

Todas las discusiones de los mecanismos que involucran el enlace C-S en los catalizadores sulfurados de HDS se basan en la participación de las vacantes aniónicas del catalizador, y es la molécula de tiofeno la molécula modelo utilizada para dichos estudios.

Lipsch *et al.,* [xix] mencionan por primera vez la participación de las vacantes aniónicas en los catalizadores de sulfuro, en sus estudios encontraron que el aumento en la actividad de los catalizadores del tipo $CoMoS-Al_2O_3$, se debe a la presencia del átomo de azufre que está unido a la superficie del catalizador y a la reducción de los óxidos $CoO-MoO_3$ para activar el catalizador. La actividad catalítica se debe a que la molécula de tiofeno es absorbida de manera perpendicular al sitio activo por intermedio del átomo de azufre (tiofeno). Estos complejos sólo pueden ser formados cuando los vacantes de aniones están disponibles y se logra reduciendo el óxido del catalizador.

- Formación de las vacantes aniónicas del MoS_2.

El mecanismo propuesto sobre el catalizador sulfurado es el siguiente (Figura 5): un primer paso se supone que es una adsorción, en los que únicamente el átomo de azufre proveniente del reactivo experimenta interacciones con los centros activos, que se supone son los aniones vacantes en la superficie. Los H unidos al sulfuro son los encargados de romper los enlaces C-S, el butadieno formado es desorbido y la situación original del catalizador es restaurada por una reacción con hidrógeno y la desorción de H_2S [xx, xxi]. Cuando el óxido de molibdeno es convertido al sulfuro del molibdeno por la sulfuración, los átomos de H no se transfieren del OH sino de grupos SH, y esto favorece a la actividad catalítica, ya que la presencia de éste le da una mayor activación al sitio activo. Dado que el resto del anillo tiofénico se encuentra en posición vertical con respecto a la superficie, y se une a través del átomo de azufre, el mecanismo ha sido denominado "un punto". Esta interpretación se deriva en gran medida de la cinética catalítica y de la distribución de productos como butadieno entre los productos de HDS.

Kwart *et. al.,* [xiv] proponen que la adsorción se realiza por medio de varios puntos de la molécula, (1) el enlace C=C interactúa con una vacante aniónica y (2) el átomo de azufre con otro punto en la superficie; Kwart *et al.,* [xiv] creen que la adsorción de la molécula se da de manera plana o paralela a los sitios de reacción. Estos autores argumentan que la adsorción se realiza por intermedio del átomo de azufre, se formaran compuestos tales como la bencina, hecho que no se tiene registrado; ellos estudiaron la química del tiofeno en términos de parámetros de enlace, el orden de enlace se refiere al "carácter de enlace", de un enlace o de la suma de las órdenes de enlaces parciales, aportados por cada electrón π. La valencia libre es una medida del potencial para la ruptura homolítica (formación de radical libre) en cada uno de los átomos del anillo y en la carga total.

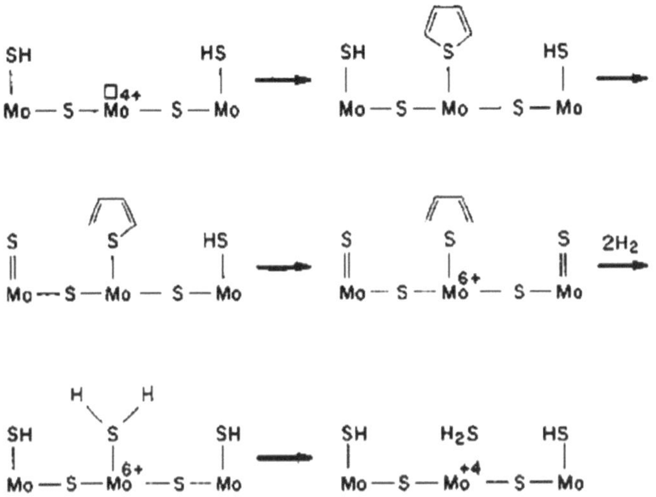

$$SH \quad HS \quad SH \quad \overset{S}{\frown} \quad HS$$

$$Mo - S - Mo^{4+} - S - Mo \longrightarrow Mo - S - Mo - S - Mo \longrightarrow$$

$$S \quad S \quad HS \quad S \quad S \quad S \quad 2H_2$$

$$Mo - S - Mo - S - Mo \longrightarrow Mo - S - Mo^{6+} - S - Mo \longrightarrow$$

$$SH \quad S \quad SH \quad SH \quad H_2S \quad HS$$

$$Mo - S - Mo^{6+} - S - Mo \Longrightarrow Mo - S - Mo^{+4} - S - Mo$$

Figura 5. Representación del sitio activo con el catalizador sulfurado y su reacción con la molécula sulfurada.

Kwart *et. al.,* [xiv] sugieren que las moléculas de tiofeno pueden ser quimisorbidas de tal forma que el enlace C_1-C_2 este coordinado con una vacante del anión del catalizador y obra recíprocamente con un sulfuro en la superficie del catalizador. Cuando el anillo de tiofeno se encuentra coordinado con el catalizador, se espera que el resultado sea un cambio en la distribución de los electrones del anillo tiofénico, debilitando el átomo de azufre y por lo tanto promoviendo su vinculación (demostrada como líneas discontinuas en la Figura 6), con un átomo de sulfuro de alta densidad electrónica que se encuentra en la superficie del catalizador.

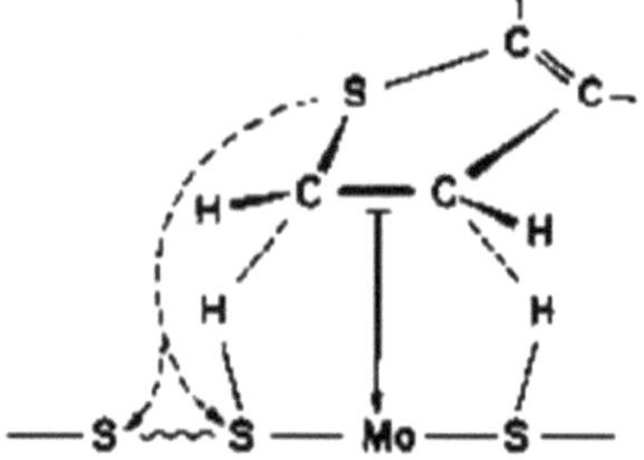

Figura 6. Estructura sugerida para la quimisorción de tiofeno en el mecanismo de tres puntos.

1.2.2.2.   Hidrodesulfuración de dibenzotiofeno (DBT)

El dibenzotiofeno (DBT) es una de las moléculas más estudiadas en reacciones de HDS y se dispone de amplia información acerca de la cinética y el mecanismo de esta transformación. Las vías de reacción del DBT en la HDS son más o menos conocidas. Desde 1980, Houalla *et. al.,* [xxii] propusieron un esquema de reacción generalmente aceptado para la HDS de DBT. El esquema propuesto presenta dos vías paralelas de reacción. Una primera que involucra la ruptura de los enlaces C-S conservando la aromaticidad de los anillos y produciendo bifenil (BF). En catalizadores de CoMo esta vía aporta un 80 % de la velocidad global de HDS, además la vía directa DDS es más rápida que la vía de hidrogenación hasta en tres órdenes de magnitud. Una vez producido el BF resulta una lenta hidrogenación de uno de los anillos aromáticos para producir ciclohexilbenceno (CHB).

Por otro lado, la segunda vía es la de hidrogenación (HID) donde el heteroátomo se conserva, pero uno de los anillos aromáticos se hidrogena para producir tetrahidrodibenzotiofeno (THDBT) y hexahidrodibenzotiofeno (HHDBT). En diversos estudios se observó que estos dos compuestos se encuentran en equilibrio a las condiciones usuales de HDT, además de que son inestables y reaccionan rápidamente. Luego hay una ruptura de enlaces C-S y una segunda hidrogenación, para producir CHB que es el producto donde convergen las dos vías ya mencionadas.

Al final del esquema propuesto se puede observar una reacción posterior del CHB para producir biciclohexil (BCH) por medio de una hidrogenación, aunque se ha observado que esta reacción es muy lenta en comparación con las demás. Sin embargo, el estudio de mecanismos de este tipo de reacciones es mucho más complejo que lo mencionado, ya que existen algunos parámetros a tomar en cuenta. Mencionados por algunos autores, este estudio se muestra detenidamente a continuación:

Bataille *et. al.,* [xxiii] desarrollaron un mecanismo para HDS de DBT, suponiendo que el primer paso de reacción es la hidrogenación del doble enlace cercano al heteroátomo de azufre para obtener un dihidrogenado. Después, el segundo paso puede ser, por un lado, la ruptura del enlace C-S por proceso de eliminación (E2) que involucra el ataque de un átomo de hidrógeno por un anión sulfurado, actuando como sitio básico (al mismo tiempo que se renueva la aromaticidad para producir BF); o, por otro lado, una segunda hidrogenación del anillo parcialmente hidrogenado para un posterior rompimiento del enlace C-S por E2 para producir CHB.

Bataille *et. al.,* [xxiii] consideran que se pueden formar al menos nueve isómeros de los intermediarios dihidrogenados; seis en los que los enlaces se encuentran conjugados y otros tres en los que no y, por lo tanto, son menos estables. Estos intermediarios se pueden clasificar en dos categorías: los que pueden experimentar solamente el camino de la HID (categoría a, Figura 7) porque no poseen un átomo de hidrógeno disponible para la eliminación en una β-posición con respecto al átomo del sulfuro, y ésos que puede experimentar ambos caminos (categoría b, Figura 7) porque poseen tales átomos de hidrógeno. Consecuentemente, a menos que se considere que estos nueve derivados puedan convertirse rápidamente en condiciones HDS y constituyan una mezcla en equilibrio termodinámico que puede comportarse como un compuesto único, podemos imaginar once reacciones paralelas del dibenzotiofeno a sus productos HDS.

Los dos pasos iniciales de una secuencia de la reacción típica de los dihidrointermediarios pertenecientes a la categoría a, y el resto de la secuencia es muy similar a la vía HID. Generalmente sólo se detecta un tetrahidroproducto que suele ser 1,2,3,4-tetrahidrodibenzotiofeno y es a menudo considerado como el intermediario en la formación de ciclohexilbenceno; sin embargo, es posible que participen otros tetrahidroisomeros en la HDS de dibenzotiofeno a través de la vía HID. Es razonable suponer que en la mayoría de las veces se presenta el 1,2,3,4- tetrahidrodibenzotiofeno, ya que éste contiene dobles enlaces tetra-sustituidos en el que el carácter aromático del heterociclo se conserva, además es el más estable y el menos reactivo entre todos los demás isómeros posibles del tetrahidrodibenzotiofeno.

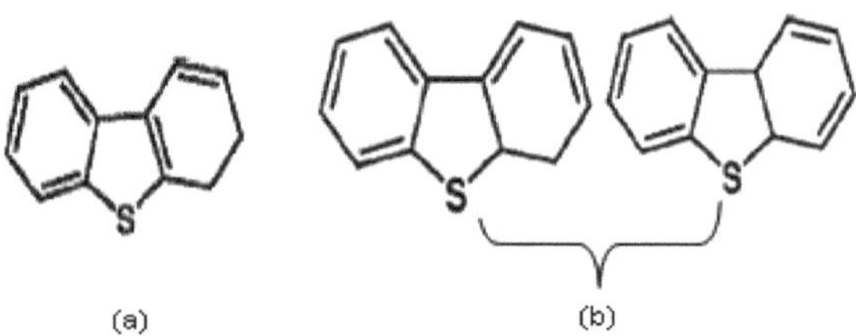

Figura 7. Derivados hidrogenados en la HDS de DBT. a y b son los dos isómeros dihidrogenados más estables de los 9 probables [xxiii].

Bataille *et. al.,* [xxiii] estudiaron la reactividad de estos dihidrointermediarios a y b con respecto a las vías de HDS, utilizando el catalizador de MoS_2, promovido por Co y Ni encontrando los siguientes resultados: En el catalizador sin promover de MoS_2 la vía de HID es la predominante, se puede suponer que el paso limitante de la velocidad en la vía de HID es la hidrogenación del dibenzotiofeno en el dihidroproducto (que rompe la aromaticidad del anillo), mientras que por la vía de DDS el paso limitante de la velocidad probablemente esta relacionado con los enlaces C-S. Con los catalizadores promovidos CoMo y MoNi, la vía de DDS es significativamente mayor y predominante. Por lo tanto, puede concluirse que el rompimiento del enlace C-S, ya no es limitante de la velocidad y ambas vías tienen el mismo paso limitante de la velocidad, es decir, la hidrogenación del dibenzotiofeno al dihidrointermediario. Logrando concluir que en la HDS del dibenzotiofeno con un catalizador promovido, la reactividad de cualquier dihidrointermediario con respecto a la vía HID es mucho menor que la reactividad de los isómeros b hacia la vía DDS. En realidad, la contribución del DDS es en gran parte predominante a pesar de que todos los isómeros de ambas categorías pueden contribuir a la vía HID, la diferencia en la reactividad de los dihidrointermediarios de la categoría b en relación con la DDS o HID puede depender de la disponibilidad del hidrógeno disociado de los centros en los que absorben. Por lo tanto, si los dihidrointermediarios de la categoría b reaccionan en el mismo centro donde se producen, se puede considerar que ya no hay hidrógeno disociado disponible en este centro y, en consecuencia, están obligados a reaccionar a través de la vía DDS. Esto es probablemente lo que está ocurriendo, de lo contrario estos dihidrointermediarios, que tienen una estructura de dieno conjugado, reaccionan muy fácilmente a través de la vía de HID. Esto último sólo puede ocurrir si desorbe y adsorbe en un centro en el que el hidrógeno disociado está disponible, o si los átomos de hidrógeno adsorbidos se difunden al centro catalítico. De hecho, los átomos de hidrógeno son móviles en la superficie de los catalizadores de sulfuro, en las condiciones de la reacción. No obstante, se puede suponer que debido a los dihidrointermediaros adsorbidos, el acceso de los átomos de hidrógeno en el mismo centro puede ser obstaculizado, lo que favorecería la vía DDS.

Bataille *et. al.,* [xxiii] para la HDS de dibenzotiofeno sobre la superficie del catalizador utilizaron una representación simplificada de un centro catalítico hecho de una vacante del azufre asociada a dos átomos del Mo y de un anión adyacente del azufre. No consideran necesario una segunda vacante para absorber el reactivo o producto, ya sea por los enlaces π de un anillo bencénico o por los enlaces coordinados covalentes del átomo de azufre.

La hidrogenación del dibenzotiofeno fue descrita a través de los dihidrointermediarios de la categoría b (DHI), teniendo en cuenta cálculos teóricos y modelaje cinético [xxiv,xxv], así como resultados experimentales. Ellos asumen que el primer paso de la reacción es la disociación heterolítica de H_2, los protones se adsorben sobre los aniones de azufre y sobre el átomo de Mo coordinativamente insaturados. El segundo paso es la adsorción del dibenzotiofeno a través de uno de sus anillos aromáticos en el centro activo. Ademas, se señalan los electrones π lejos del anillo aromático generando que la adición del átomo de hidrógeno le de un carácter de hidruro (paso 3). Este paso es seguido por la adición del protón (paso 4) y el dihidrointermediario (DHI) puede desorberse. Si DHI se readsorbe sobre un centro en el que el H_2 está disponible, el camino del HID puede continuar por la formación de un tetrahidro y eventualmente de un hexahidrointermediario. Hay que tomar en cuenta que si se fuera hacer frente a un dihidrointermediario que pertenece a la categoría a, la reacción iría necesariamente por esta vía. En lugar de eso, si el DHI permanece adsorbido en el mismo centro donde ya no hay disponibilidad de disociar el H_2, el proceso puede ocurrir por DDS (Figura 7 b). Después de la adsorción de DHI (a través del átomo S, paso 1), el rompimiento del enlace C-S puede llevarse a cabo paso 2).

A continuación, la estructura tiofenica puede desorberse (paso 3) y tiene que readsorber a través del anillo que lleva el grupo S-H en un centro en el que hay H_2 disociado (paso 5). Después de la hidrogenación del doble enlace, el nuevo intermediario dihidrogenado puede readsorber a través de su átomo de S en un centro libre de H (paso 6) y el rompimiento del enlace del C-S puede ocurrir (paso 7). El centro libre de H se recupera después de la desorción de H_2S. La vía de HID no conduce a biciclohexil pero si a ciclohexilbenceno.

Lo anteriormente descrito implica posibles secuencias de reacciones para la transformación del hexahidrointermediario en ciclohexilbenceno, estas secuencias conducen primero a la ruptura del enlace C-S en el lado del anillo saturado, segundo un rompimiento del enlace C-S para eliminar el grupo SH del anillo bencénico. Por razones que aún no están claras, este segundo rompimiento de enlace se produce mediante el mismo proceso como en la vía de la DDS. La orientación de la hidrodesulfuración del dibenzotiofeno (DDS vs. HID) será el resultado de un gran número de reacciones en paralelo y, por lo tanto, dependerá de numerosos factores.

1.2.4. Catalizadores convencionales para HDS

Los catalizadores convencionales más empleados en procesos de hidrodesulfuración consisten en sulfuros de molibdeno o wolframio que actúan como componentes activos, promovidos por Ni o Co generalmente soportados sobre γ-Al2O3 [xxvi]. Estos catalizadores presentan un máximo en su actividad para una relación atómica (átomos de promotor / átomos de componente activo) comprendida entre 0,2 y 0,6 [xxvii].

Lo arraigado del empleo de estos catalizadores se debe a que presentan propiedades muy interesantes, tales como, bajo costo, elevada actividad por unidad de volumen de lecho y buena capacidad para eliminar grupos funcionales tales como tiofeno entre otros. Debido a su gran aceptación, los desarrollos que se hicieron, a lo largo de los años, se basaron fundamentalmente en resultados empíricos obtenidos por la modificación y ajuste de variables industriales no apoyándose de un conocimiento profundo de su estructura [xxviii]. Teniendo en cuenta que, los catalizadores son los responsables directamente de los procesos de hidrodesulfuración, debemos abordar algunas particularidades, que lo hacen óptimo o no para el proceso, estas son: la fase activa, el soporte y el promotor.

1.2.4.1. Fase activa de catalizadores de HDS

Para cualquier catalizador de HDS la fase activa es el primer elemento básico y marca la actividad catalítica del mismo, pues la sola presencia de ella puede llevar a cabo la reacción bajo condiciones establecidas. Normalmente, los catalizadores para el hidrotratamiento se comercializan bajo la forma de óxidos (MoO_3, WO_3, CoO y NiO) soportados sobre alúmina.

Debido a que la forma activa de estos catalizadores es la de sulfuro [xviii], es necesario activarlos mediante reducción y sulfuración. La sulfuración puede llevarse a cabo previa reducción del óxido o no. En el primer caso se trata el catalizador a temperaturas entre 460-565 °C en presencia de H_2, reduciéndose los óxidos de sus metales constituyentes a MoO_2, WO_2, Co y Ni. La siguiente etapa es la reacción de los óxidos y/o metales reducidos con H_2S para formar los compuestos sulfurados. Esta etapa es muy lenta, por lo que, el uso de este modelo de sulfuración es muy reducido. La otra posibilidad es la sulfuración y reducción simultánea empleando una mezcla de H_2/H_2S, la cual se lleva a cabo, con mayor velocidad y produce catalizadores más activos que el método anterior. Aunque, los catalizadores para HDS, en forma de óxidos, pueden tomar azufre del medio de reacción, se recomienda realizar una sulfuración previa, debido a que la actividad de la forma sulfurada es superior. Estos catalizadores presentan un máximo en su actividad, para una relación atómica (átomos de promotor / átomos de componente activo) comprendida entre 0,2 y 0,6 [xxviii]. Por otro lado, debemos tener en cuenta que uno de los sulfuros metálicos más activos de los procesos de HDS es el sulfuro de molibdeno (MoS_2), a modo general su funcionamiento se basa en capturar por medio de sus vacancias las moléculas que contienen azufre y adsorber hidrógeno para reaccionar con éste [xxix].

1.2.4.2. Características del soporte catalítico

Es la matriz sobre la cual se coloca la fase activa y su función puede estar relacionada, tanto con la optimización de sus propiedades catalíticas como con la mejora de sus propiedades físicas y mecánicas. La mayoría de estos soportes son sólidos porosos, lo que indica que su área superficial es generalmente elevada. La forma física de este soporte también está definida por las condiciones de reacción (diseño del reactor) y puede ser en forma de esferas, palitos, anillos, mallas, hojuelas e inclusive monolitos en forma de panal. Los materiales utilizados para soporte son típicamente alúmina, sílice-alúmina, sílice, zeolitas, con áreas superficiales comprendidas entre 100 y 300 m^2/g. Comúnmente en las reacciones de HDS a escala industrial el soporte utilizado es γ-Al_2O_3 [xviii].

1.2.4.3. Características del promotor catalítico

Es el elemento, que al ser incorporado a la fase activa o al soporte sirve para mejorar las características del catalizador, como son:

La actividad, que se define como la capacidad de acelerar, en mayor o menor medida, una determinada reacción. La actividad se expresa frecuentemente en moles transformados por segundo por gramo de catalizador.

$$A = \frac{mol}{[t] * [m]} \qquad (8)$$

La selectividad, define la dirección (efecto orientador) en que se desarrollará la reacción debido a la intervención del catalizador (caminos de reacción con menor energía de activación), esta intervención se traducirá en mayor o menor presencia de algunos productos. La estabilidad, es la variable final por optimizar en su aplicación industrial y la que se relaciona directamente con la vida útil y producción del catalizador. La naturaleza fisicoquímica del catalizador es responsable de la estabilidad de este. La vida de operación de un catalizador debe ser evaluada en función de la cantidad de productos formados, de manera que en el mínimo de tiempo debe permitir amortizar el costo del catalizador y la operación del proceso.

En la literatura, se conocen dos tipos de promotores; los texturales los cuales contribuyen a la estabilidad, y los electrónicos, los que aumentan la reactividad. Sin embargo, también se han reportado promotores que modifican la geometría o incrementan la acidez del sistema [xx]. Estos elementos a su vez proveen al catalizador determinadas características que son las que rigen el proceso de una reacción. Los promotores comúnmente utilizados en HDS son cobalto o níquel. De este modo la actividad catalítica de la fase activa (MoS_2) puede ser incrementada al adicionar pequeñas cantidades de estos metales. Este segundo metal crea un sitio vacante y es ahí donde la molécula que contiene el azufre puede ser adsorbida. Para ambos promotores, la actividad total de hidrotratamiento aumenta en más de un orden de magnitud. El fenómeno de la desactivación está íntimamente ligado a la estabilidad del catalizador.

1.2.5. Sistemas catalíticos en la HDS

Los catalizadores de hidrotratamiento más utilizados están generalmente constituidos de sulfuros de metales de transición del grupo VI (Mo, W) promovidos por elementos del grupo VIII (Co, Ni) soportados sobre óxidos con alta área superficial como la γ-Al_2O_3. El catalizador $CoMo/\gamma$-Al_2O_3 (CoMo) es calificado como un excelente hidrodesulfurador. El catalizador $NiMo/\gamma$-Al_2O_3 (NiMo) es conocido por su alta actividad en la hidrodesnitración (HDN) e hidrogenación (HID). El contenido de molibdeno se encuentra entre 10 y 14 (% p/p) y del promotor se ajusta a la relación atómica optimizada a 0,3: 3,4 promotor/ (promotor+metal) (Co/ (Co+Mo)).

El catalizador NiW/γ-Al_2O_3 (NiW) es conocido por su excelente actividad en la HDN y en la HID como también por su poca hidrodesulfuración [xxx]. Las propiedades del NiW lo hacen atractivo para el hidrotratamiento de crudo pesado, donde se requieren catalizadores con alta capacidad hidrogenante e hidrodesnitrogenante. El contenido de tungsteno está entre 14 y 16 % p/p con una relación (Ni/ (Ni+W)) de 0,41 que según Zuo *et. al.,* [xxxi] es la óptima. Estos catalizadores han sido utilizados en la industria desde hace 60 años, pero aún continúan los estudios en el plano fundamental con el fin conocer mejor la naturaleza y el funcionamiento de los sitios activos.

Estos estudios se han enfocado, en primera instancia, al sistema Mo/γ-Al_2O_3 posteriormente sobre el sistema $CoMo/\gamma$-Al_2O_3. En la literatura es ampliamente aceptado que la naturaleza de los tres sistemas (NiMo, CoMo y NiW) sea similar. Por lo tanto, y considerando, que existen excelentes revisiones sobre el tema, que ha generado una gran cantidad de publicaciones científicas, se presentarán los conceptos más aceptados y ampliamente discutidos.

1.2.5.1. Mo/ γ-Al$_2$O$_3$

Según todos los modelos e interpretaciones sobre la interacción del molibdeno con la alúmina se puede decir que los precursores óxidos del molibdeno estarán principalmente presentes bajo la forma de especies molibdatos (MoO$_4$)$^-$ [xxxii], bidimensionales o de polimolibdatos (Mo$_7$O$_2$) [xxxiii] con solamente dos capas atómicas de molibdeno, cuando el contenido de metal es inferior a un valor crítico de 2,8 átomos por nm^2. En el momento que la alúmina se encuentra saturada de molibdatos y la carga de molibdeno se incrementa puede existir la formación de partículas MoO$_3$ [xxxiv]. La interacción MoO$_3$-soporte es parcialmente destruida durante el proceso de activación por la hidrosulfuración con H$_2$/H$_2$S a temperaturas entre 673 y 773 K, con la formación de MoS$_2$. Estos cristales están presentes bajo la forma de plaquetas hexagonales finas, con un borde trunco. Según la temperatura de hidrosulfuración, la orientación de estas plaquetas con relación al soporte varía. La interacción del MoS$_2$ con el soporte ha sido, generalmente, considerada en términos de laminillas de MoS$_2$ paralelas a la superficie: los planos base interactúan con los átomos de la superficie de la alúmina. Sin embargo, es igualmente posible que los cristales de MoS$_2$ se enlacen por los costados al soporte [xxxv]. Una temperatura de hidrosulfuración cada vez más elevada conduce a la ruptura de estos enlaces Mo-O-Al, provocando así una orientación de 90° de los planos base del MoS$_2$. Por lo tanto, los cristales se orientan perpendicularmente al soporte generando fases más activas [xxxvi].

Por otra parte, se propone que los enlaces Mo-O-Al existen en los catalizadores Mo/Al$_2$O$_3$ sulfurados y que son responsables de fuertes interacciones entre el metal y el soporte. La cantidad de estos enlaces permanece todavía en debate. Massoth concluye que cada átomo de Mo está ligado a un oxígeno de la alúmina [xxvi]. Schrader y Cheng [xxxvii] obtienen resultados en acuerdo con el modelo de Massoth a partir de medidas de espectroscopia Raman. Arnoldy *et. al.,* [xxxviii] señalan la posibilidad de enlaces Al-O-Mo en la fase del sulfuro. Los resultados de extended X-ray absorption fine structure (EXAFS) muestran que las interacciones entre la fase MoS_2 y la alúmina tienen lugar a través de enlaces Mo-S-Al con una pequeña cantidad de enlaces Mo-O-Al [xxxix, xl].

Finalmente, Candia *et. al.,* [xli] sugirieron que los átomos de borde están preferentemente ligados a la alúmina por los enlaces oxígeno metal, a causa de la naturaleza más reactiva de los planos frontales. La retención del molibdeno sobre la alúmina a través del enlace Mo-O-Al podría conducir a la polarización del enlace metal-azufre, aumentando su fuerza. Pecoraro y Chianelli han propuesto que para obtener catalizadores muy activos en HDS, el enlace metal-azufre debe ser de fuerza intermedia, permitiendo así la formación de vacantes y de enlaces metal-azufre por la adsorción de moléculas azufradas [xlii]. Los enlaces Mo-O-Al podrían tener un efecto inhibidor sobre la actividad del catalizador [xliii].

Algunos estudios sobre el efecto de la temperatura de hidrosulfuración sugieren que una baja concentración de fuertes enlaces Mo-O-Al fijan los cristales MoS_2 en la superficie del soporte [xliv] y mejoran de esta forma su estabilidad. Adicionalmente, la presencia de especies oxisulfuros ha sido puesta en evidencia a partir de resultados de espectroscopia fotoelectrónica de rayos X (XPS) [xxxv, xliii] y de espectroscopia Raman [xxxvii]. Como se puede observar el enlace metal soporte pareciera ser uno de los principales obstáculos para tener catalizadores en estado completamente sulfurado. Las fuertes interacciones entre el soporte y las láminas de MoS_2 inhiben en cierta medida la creación de sitios coordinadamente insaturados (CUS). Precisamente en este punto, los promotores de cobalto y níquel juegan un papel muy importante, los cual se explica a continuación.

1.2.5.2. NiMo/ γ-Al₂O₃

Hoy día se admite que la estructura tipo molibdenita con átomos de Ni (ó Co) localizados en los bordes de una lámina de MoS_2 (ó WS_2) es el componente activo de los catalizadores de HDS [xlv]. No obstante, aun cuando la similitud entre la estructura del componente activo y la estructura de MoS_2 no causa ninguna duda, no hay un acuerdo general con respecto a la localización del Ni (Co). La estructura de la fase activa ha sido de mucha controversia, lo cual ha dado origen a varios modelos y teorías. Por ejemplo: Lipsch y Schuit [xix] expusieron, de acuerdo con sus análisis de infrarrojo y espectros de reflectancia, que la única especie posible entre el cobalto y el molibdeno era el $CoMoO_4$ y que en los catalizadores comerciales el molibdeno se encontraba como MoO_3 esparcido en toda la alúmina cubriendo el 20 % del área y formando una monocapa, mientras que el cobalto estaba en el seno del soporte formando especies $CoAlO_4$ [xlvi]. Voorhoeve y Stuiver [xlvii] propusieron la intercalación de átomos de Co entre las capas de MoS_2 alternas (modelo de la intercalación), mientras Farragher y Cossee [xlviii] sugirieron que los iones del promotor se localizaban en los bordes en forma de capas alternadas (modelo de la pseudo-intercalación). Alternativamente, Karroua *et. al.,* [xlix] desarrollaron el modelo de sinergia por contacto o a distancia que también se basó en la idea de que el Mo estaba presente como MoS_2. En este modelo, se propuso la idea del contacto físico entre los cristales de Co_9S_8 y MoS_2 para explicar el efecto promotor, en el cual el Co_9S_8 proporciona hidrógeno a través de un mecanismo tipo spill-over (desbordamiento) que mejora la actividad de la fase de MoS_2. A finales de los años 80, Karroua y Delmon *et. al.,* [l] propusieron una versión modificada del modelo de sinergia por contacto, según el cual, el contacto es entre CoMoS y Co_9S_8 en lugar de entre MoS_2 y Co_9S_8. Se sugirió que el spill-over de hidrógeno producido por Co_9S_8 puede activar, a distancia, a las especies CoMoS. Según este modelo, tanto la actividad del CoMoS y el efecto a distancia del Co_9S_8

contribuyen a la actividad total. Lipsch y Shuit [xix] como preludio a la investigación de los catalizadores CoMo/Al$_2$O$_3$, determinaron mediante técnicas de análisis termo diferencial (DTA), difracción de rayos X y espectros de infrarrojo, que el cobalto está rodeado de oxígenos en configuración, preferentemente, octaédrica y que la única especie posible con el Mo es el molibdato de cobalto (CoMoO$_4$) y su configuración será octaédrica.

Ratnasamy y Sivasanker [li] sugirieron que los iones del promotor se localizan en los bordes de capas de MoS$_2$, y Topsøe *et. al.,* [lii] proporcionaron evidencia experimental sobre está propuesta. Con la técnica de espectroscopia de emisión Mössbauer (MES), Wivel *et. al.,* [liii, liv], lograron diferenciar la señal del Co proveniente de la fase de interacción "CoMoS" diferente de la especie Co$_9$S$_8$. Así mismo, [lv] observaron una correlación lineal entre la cantidad de iones de Co presente en la fase "CoMoS" y la HDS del tiofeno. La detección directa del promotor en los bordes de cristales de MoS$_2$ fue lograda por microscopía electrónica (Analytical electron microscopy) [lvi].

Hablando estrictamente, el término estructura de CoMoS debe usarse para describir las configuraciones locales, en los bordes de las láminas de MoS$_2$ que contienen Co, Mo, y átomos de S exclusivamente. La estructura CoMoS realmente, no es una sola estructura con una estequiometría fija de Co:Mo:S global. Más bien, debe considerarse como una familia de estructuras con una amplia gama de concentraciones de Co, partiendo de MoS$_2$ puro, sin Co, hasta el recubrimiento total de los bordes de MoS$_2$ por el Co. En los catalizadores soportados en alúmina, hay indicios de la presencia de dos fases diferentes que contienen las estructuras "CoMoS".

En la primera fase (fase tipo I), el Mo está presente, como una sola estructura, que no está totalmente sulfurada e interactúa fuertemente con el soporte vía uniones Mo-OAl, mientras una fase tipo II completamente sulfurada, más activa, presenta una estructura de láminas múltiples y la interacción con el soporte es débil [lvii]. Sobre este mismo principio se basa el concepto de "The Rim-Edge Model" propuesto por Chianelli y Daage [lviii] quienes encuentran una relación entre la morfología de los cristales de MoS_2 y sus propiedades catalíticas, en donde las partículas se describen como una distribución de tres pequeños apilamientos, cuyo tamaño depende del contenido; el inconveniente de esta propuesta es que considera que los sitios de hidrogenación y de hidrogenólisis son diferentes, lo cual contradice el consenso casi general, de que los sitios de hidrogenación e hidrogenólisis son los mismos. En el año 2000 y 2001, la Universidad de Arhus y Topsøe Company [lix, lx], con la técnica STM (Scanning tunnel microscopy), proveen imágenes directas del MoS_2 tipo nanoestructura y de su estructura de borde a escala atómica. Se observó que el nanocristal de MoS_2 puede tener la forma triangular. La estructura triangular de MoS_2 mostrada por STM es notable y contraria a lo que se hubiera esperado, desde el punto de vista de que el MoS_2 másico exhibe formas hexagonales. Además, cuando los átomos del cobalto se agregan, la forma de los cristales cambia de triangular a hexagonal. Esta transformación morfológica se relaciona, al parecer, a una preferencia del Co sobre los bordes del MoS_2.

Se ha propuesto que la HDS requiere de vacantes aniónicas en la superficie de las partículas sulfuradas, que pueden formarse después de la interacción de los átomos de S de la superficie con H_2 a temperatura elevada y su remoción en forma de H_2S [lxi, lxii]. Se considera que estas vacantes aniónicas juegan un papel fundamental en los centros catalíticamente activos; actualmente esta hipótesis se extiende ampliamente en la literatura [lx]. El modelo de energía de enlace, adelantado por Topsoe *et. al.,* [xviii], Byskov *et. al.,* [lxiii], parece estar en el marco de este concepto general. Los autores de este modelo han propuesto, que debido a la fuerte interacción entre el Co y el componente activo de catalizadores de HDS (MoS$_2$), el enlace metal-azufre es más débil que en los sulfuros binarios de Mo y Co. Este modelo, basado en los cálculos de DFT (Teoría funcional de la densidad) [lx, lxv], sugiere que el papel principal del átomo promotor es crear más vacantes, que se comporten diferentes a aquéllas del MoS$_2$ no promovido. Esta propuesta, también, se ha examinado exponiendo los nanocristales de MoS$_2$ a una atmósfera de hidrógeno. Así, esta fue la primera vez que se pudieron observar los sitios, catalíticamente activos para las reacciones de HDS, a escala atómica. En los catalizadores industriales se ha utilizado una gran variedad de aditivos para promover la formación de la fase mixta CoMoS y muy particularmente la fase tipo II.

1.3. Sólidos mesoporosos

Los materiales mesoestructurados representan una nueva generación de sólidos que se caracterizan por poseer poros regulares en el rango de tamaños nanométricos y capacidad de modulación en función de las necesidades de cada aplicación mediante diferentes procedimientos de síntesis y/o post-síntesis. Los materiales mesoporosos más antiguos y, por tanto, más estudiados son los denominados HMS (Highly microporous silicate), AlHMS (Aluminum substituted highly microporous silicate) y los silicatos y aluminosilicatos MCM (Nombre dado por sus descubridores [Mobil]: se ha sugerido Mobil composition of matter, Mobil cristalline material y mesoporous catalytic material, entre otros) y SBA (Santa Barbara amorphous). Las características comunes de estos compuestos son su gran desarrollo superficial, sus estructuras de poro definidas y su gran capacidad para la adsorción de sustratos orgánicos, lo que les confiere un gran potencial, para su aplicación en procesos de tratamiento de efluentes. Los materiales con diámetros de poro superiores a 5 nm ofrecen una superficie accesible a la mayoría de los contaminantes orgánicos en fase acuosa y presentan, por tanto, nuevas perspectivas para su utilización en procesos de adsorción o catalíticos. Los sólidos porosos tienen usualmente superficies específicas elevadas, por lo que encuentran aplicaciones como adsorbentes, catalizadores y soportes de fases activas. Conforme a la clasificación de la IUPAC, los sólidos porosos se agrupan en 3 clases dependiendo de su tamaño de poro: microporo (< 2 nm), mesoporo (2 ~ 50 nm), y macroporo (> 50 nm). De allí, el prefijo "meso" describe a un estado entre el micro y macroporo. Debemos señalar, que estos sólidos también son nombrados materiales nanoestructurados o nanoporosos. Si observamos las características de difracción de los sólidos, los materiales porosos se pueden catalogar en tres grupos: amorfos, sub-cristales, y cristales. Así tenemos, que, los sólidos amorfos no poseen picos en difracción de rayos X. En los sub-cristales se observa poca anchura de los picos de difracción o no se produce. Los cristales pueden generar una gran cantidad de picos de difracción, los cuales corresponden a su sistema cristalográfico y su simetría.

Los materiales porosos amorfos y sub-cristalinos han sido utilizados en la industria química por muchos años, como por ejemplo el gel de silica amorfa y el gel de alúmina. Sus canales o poros son irregulares, por lo tanto, la distribución de tamaño de poro es muy amplia, aunque los materiales sub-cristalinos incluyen muy pequeñas regiones ordenadas.

Los materiales porosos cristalinos producen una estrecha distribución del tamaño de poro, debido a que los canales o los poros están determinados por su cristalinidad o su estructura ordenada. El tamaño del poro y la forma del poro puede ser controlado por la selección o modificación de diferentes estructuras. Los materiales mesoporosos amorfos, como el aerogel SiO_2 y el vidrio poroso presentan mesoporos, pero los canales o poros son irregulares y las distribuciones de tamaños de poros están en un amplio rango. La mayoría de los materiales mesoporosos como es el caso de cerámicas y cemento tienen las mismas características: poros irregulares y una amplia distribución de tamaños de poros. Los materiales mesoporosos y macroporosos ordenados pueden superar las deficiencias mencionadas anteriormente. Estos materiales pueden ser orgánicos, inorgánicos ó híbridos orgánico-inorgánico [lxiv,lxv].

1.3.1. Mecanismos de síntesis de materiales mesoporosos de silica

La síntesis de las mesofases de silica M41S (serie 41 del grupo Mobil) se realizó en condiciones básicas, utilizando alquiltrimetilamonio catiónico como surfactante [lxvi, lxvii], basándose en la similitud en las fases identificadas en estos sólidos (hexagonal y cúbica) y las halladas en mezclas agua-surfactante, las cuales poseen cúmulos ordenados de moléculas de surfactantes a concentraciones específicas, esta observación combinada de la dependencia en los parámetros de poro (diámetro y volumen) con la longitud de la cadena alquílica del surfactante, los cuales tienden a aumentar a medida que la cadena crece del mismo modo que sucede con las micelas en la fases de cristal líquido de las soluciones de surfactante, condujo a sugerir el mecanismo de templado por cristal líquido (LCT, de la siglas en inglés "Liquid-crystal templanting").

Este mecanismo Implica que las mesofases de sílice son simples réplicas de la fase cristalina líquida pre-existente. Al mismo tiempo experimentalmente la reproducción directa de cristales líquidos puede ocurrir bajo concentraciones altas de surfactante [lxviii]. Efectivamente, para la síntesis de las tres sílicas M41S solo se puede ver variación en la cantidad del precursor de sílice, sin observar cambios en ninguno de los demás parámetros. De igual manera, los materiales mesoporosos se obtienen usando concentraciones bajas de surfactantes, para la formación de cristales líquidos, inclusive por debajo de la concentración crítica para la formación de micelas. Algunos surfactantes de cadenas cortas como $C_{12}H_{25}N(CH_3)_3OH$, los cuales no forman micelas en agua, fueron empleados como templante en sílicas mesoporosas. Posteriormente, las sílices MCM-41 y MCM-48 fueron obtenidas a 70 °C, creándose micelas no estables. Estas investigaciones coincidieron en que la existencia de una fase líquida cristalina no es fundamental para la formación de la mesofase de silica. En cambio, existen evidencias de que las especies inorgánicas son trascendentales en la inducción en gran medida de los procesos de auto montaje supramoleculares, estableciendo la naturaleza de las mesofases finales [lxix].

Stucky *et. al.,* [lxx], en su estudio sobre el mecanismo de organización cooperativa demostró que fue compatible con el compartimento de mezclas de síntesis de materiales mesoporos. La primera etapa de este mecanismo es producto de interacciones electrostáticas. Lo que corresponde al desplazamiento de los contraiones de surfactante por aniones inorgánicos polidentado y policargado, produciendo pares iónicos orgánicos-inorgánicos, estos se ordenan dentro de una mesofase como un cristal líquido. Seguido por el enlazamiento cruzado de las especies inorgánicas, y la formación de una réplica rígida de las fases cristalinas líquidas. El sistema de organización cooperativa antes expuesto, no está limitado por pares iónicos entre surfactantes catiónicos (S^+) y especies inorgánicas aniónicas (I^-), pero puede ser generalizado para incluir otras tres rutas [lxxi, lxxii].

La vía S^-I^+ que envuelve la interacción electrostática directa entre el surfactante aniónico y las especies inorgánicas catiónicas, como en el caso de antimonio mesoestructurado y el óxido de tungsteno bajo condiciones ácidas. En la segunda ruta, la interacción ocurre entre especies orgánicas e inorgánicas cargadas igualmente, con la participación de pequeños contraiones de carga opuesta. Esta ruta viene referida a $S^+X^-I^+$ (X^-= Cl$^-$, Br$^-$) y $S^-M^+I^-$ (M^+= Na$^+$, K$^+$). Dos ejemplos de estas rutas son la síntesis de mesofases de sílicas a pH<2, y el óxido de zinc mesoestructurado a pH>12.5, respectivamente.

1.3.2. Estructura

Huo *et. al.,* [lxxiii] en su investigación realizaron la síntesis de un número importante de nuevos materiales mesoporosos de sílice de la familia SBA-n, empleando para ello, un ácido y una amplia diversidad de moléculas anfífilas. Los sólidos mesoporosos SBA-1, SBA-2 y SBA-3 se sintetizaron con surfactantes catiónicos. La SBA-1 presentó un ordenamiento cúbico, lo que demostró la formación de micelas globulares. Su síntesis se realizó mediante la ruta $S^+X^-I^+$, usando ácido clorhídrico (HCl) y surfactantes como alquiltrimetilamonio o cetiltrimetilpiperidino, que son promotores de formaciones mesofásicas, con alta curvatura de superficie. Debido a que el ión bromuro es un anión fuerte, porque proviene del ácido bromhídrico (HBr), genera fases hexagonales 2D, las cuales reducen el área efectiva de la cabeza de grupo necesaria para la formación de micelas globulares. En cuanto, a la SBA-2 se emplearon surfactantes divalentes de cabeza de grupo grande del tipo $C_nH_{2n+1}N^+(CH_3)_2(CH_2)_5N^+(CH_3)_3$ bajo condiciones tanto ácidas como básicas. Esta estructura presenta simetría 3D hexagonal ($P6_3$/mmc), la cual es un empaquetamiento hexagonal que posee silica-surfactante globular a su alrededor [lxxv]. En este mismo orden de ideas encontramos la SBA-3 de simetría 2D hexagonal (P6mm) similar a la MCM-41. Su preparación se realiza bajo condiciones ácidas empleando surfactantes genmini (alquiamonio) [lxxiv]. Las estructuras y condiciones de síntesis para algunas mesofases son presentadas en la Tabla 3.

Tabla 3. Estructura y condiciones de síntesis de varias mesofases de sílice.

Mesofase	*Templante anfífilo*	*pH*	*Estructura*
MCM-	$C_nH_{2n+1}(CH_3)_3N^+$	Básico	2D Hexagonal (p6mm)

41			
MCM-48	$C_nH_{2n+1}(CH_3)_3N^+$ Geminales $C_{n\text{-}s\text{-}n}$[a]	Básico	Cúbico ($Ia\bar{3}d$)
MCM-50	$C_nH_{2n+1}(CH_3)_3N^+$	Básico	Laminar
FSM-16	$C_{16}H_{31}(CH_3)_3N^+$	Básico	2D Hexagonal (p6mm)
SBA-1	$C_{18}H_{37}N(CH_3)_3^+$	Ácido	Cúbico ($Pm\bar{3}n$)
SBA-2	Divalente $C_{n\text{-}s\text{-}n}$[b]	Ácido /Básico	3D Hexagonal ($P6_3/mmc$)
SBA-3	$C_nH_{2n+1}N(CH_3)_3^+$	Ácido	2D Hexagonal (p6mm)
SBA-6	Divalente $18B_{4\text{-}3\text{-}1}$[c]	Básico	Cúbico ($Pm\bar{3}n$)
SBA-8	Bolaforme[d]	Básico	2D rectangular (cmm)
SBA-11	Brij76; $C_{16}EO_{10}$	Ácido	Cúbico ($Pm\bar{3}n$)
SBA-12	Brij56; $C_{18}EO_{10}$	Ácido	3D Hexagonal ($P6_3/mmc$)
SBA-14	Brij30; $C_{12}EO_4$	Ácido	Cúbico
SBA-15	P123; $EO_{20}PO_{70}EO_{20}$	Ácido	2D Hexagonal (p6mm)
SBA-16	F127; $EO_{106}PO_{70}EO_{106}$	Ácido	Cúbico ($Im\bar{3}M$)
FDU-1	B50-6600; $EO_{39}BO_{47}EO_{39}$	Ácido	Cúbico ($Im\bar{3}M$)
MSU-1	Tergitol; $C_{11\text{-}15}(EO)_{12}$	Neutral	Desordenado
MSU-2	TX-114; $C_8Ph(EO)_8$ TX-100; $C_8Ph(EO)_{10}$	Neutral	Desordenado
MSU-3	P64L; $(EO_{13}PO_{30}EO_{13})$	Neutral	Desordenado
MSU-4	Tween-20,40,60,80	Neutral	Desordenado

MSU-V	$H_2N(CH_2)_nNH_2$	Neutral	Laminar
MSU-G	$C_nH_{2n+1}NH(CH_2)_2NH_2$	Neutral	Laminar
HMS	$C_nH_{2n+1}NH_2$	Neutral	Desordenado

(a) Surfactantes Geminales C_{n-s-n}: $C_nH_{2n+1}N^+(CH_3)_2(CH_3)_2\,N^+(CH_3)_2\,C_nH_{2n+1}$

(b) Surfactantes Divalentes C_{n-s-1}: $C_nH_{2n+1}N^+(CH_3)_2(CH_3)_2N^+(CH_3)_3$

(c) Surfactantes Divalentes $18B_{4-3-1}$: $C_{18}H_{37}O\text{-}C_6H_4\text{-}O(CH_3)_4N^+(CH_3)_2(CH_2)_3$ $N^+(CF)$

(d) Surfactantes Bolaformes: $(CH_3)_3N^+(CH_2)_n\,O\text{-}C_6H_4\text{-}C_6H_4\text{-}O(CH_2)_nN^+(CH_3)_3$

En la Tabla 3 podemos apreciar las estructuras SBA-n (11, 12, 14, 15, y 16), las cuales emplean surfactantes de alquil poli oligómeros no iónicos (poli óxido de etileno; PEO) y copolímeros de bloque de poli (óxido de alquileno) en medio ácido [lxxv, lxxvi].

El material mesoporoso de mayor importancia de esta familia es la SBA- 15, debido a que presenta mejores propiedades físicas y su síntesis es muy reproducible y fácil de realizar. Sus características son: simetría 2D hexagonal (P6mm), tamaño de poro entre 5 y 30 nm, elevada área superficial y espesor de pared de 3-6 nm [lxxv, lxxvii]. El surfactante director de estructura empleado generalmente, en condiciones ácidas, es el copolímero tribloque neutro Pluronic P123 ($EO_{20}PO_{70}EO_{20}$). En este mismo orden de importancia se ubica la SBA-16 cuya metodología de preparación se basa en el uso de un copolímero tribloque de poli (óxido de alquileno) $EO_{106}PO_{70}EO_{106}$ (F127) con grandes fracciones de EO, que favorecen la formación de agregados globulares. Este material mesoporoso presenta simetría cúbica (Im3m) con cavidades de 5,4 nm. Yu et. al [lxxvii] sintetizaron mediante el uso de un copolímero tribloque más hidrofóbico, que contiene poli (óxido de butileno) $EO_{39}BO_{47}EO_{39}$ (B50-6600), un material mesofásico de silica hidrotérmicamente estable llamada FDU-1, de estructura simétrica cúbica (Im3m) al igual que la SBA-16, pero con cajas estructurales de mayor tamaño (12nm). La estructura de la mesofase obtenida bajo un conjunto de condiciones experimentales, es establecida por las interacciones dinámicas entre los pares iónicos orgánicos-inorgánicos, la densidad de carga, la coordinación y los requerimientos estéricos de las especies orgánicas e inorgánicas en la interfase siendo el factor de control principal. Por último, dependen de los parámetros de síntesis tales como: la composición de la mezcla, el pH y la temperatura. Para racionalizar la estructura de mesofase, ha sido utilizado el factor de empaquetamiento $g= Va_oI$, donde V es el volumen total de la cadena del surfactante más una molécula orgánica de cosolvente entre las cadenas, a_o es el área efectiva de cabeza de grupo en la superficie de la micela, y I es la longitud cinética de la cola del surfactante [lxxiii, lxxv]. Este factor adimensional fue primero introducido para explicar el comportamiento de la agregación de las moléculas anfifílicas en soluciones acuosas [lxxviii]. Como el factor g disminuye, las transiciones hacia mesofases de curvatura más grandes suceden en los siguientes valores críticos: $g= 1$ (mesofase laminar), $1/2 < g < 2/3$ (cúbica, Ia3d), $g= 1/2$ (hexagonal, P6mm) y $g= 1/3$ (cúbico, Pm3n).

A pesar de su simplicidad, el concepto de factor de empaquetamiento ha sido muy utilizado, no solo para explicar los hechos experimentales, sino también para designar los materiales mesoporosos a través de la manipulación directa del factor g. Por ejemplo, la adición de cosolventes o moléculas polares incrementa el volumen V de la cola hidrofóbica [lxxv], la cual disminuye el factor de empaquetamiento y afecta la naturaleza de la mesoestructura obtenida. Una simple y efectiva vía que afecta el factor de empaquetamiento es el uso de mezclas de surfactantes. Este camino permitió a Kim *et. al.,* [lxxix] preparar mesofases de silica de gran calidad teniendo estructuras 2D hexagonal (P6mm), 3D hexagonal (P63/mmc), y cúbica (Im3m), a través de la variación sistemática de la cabeza de grupo efectiva y el tamaño de cola mediante mezclas apropiadas de bloque de copolímeros anfífilos. Otra estrategia para controlar la estructura de la mesofase es utilizar condiciones, en las cuales las moléculas anfifílicas forman fases de líquido cristalino liotrópico, comportándose, como templantes para soportes inorgánicos. Esta metodología fue utilizada para la preparación de organosilicatos mesoporosos [lxxx], y sílices mesoporosas con diferentes morfologías que incluyen monolitos [lxxxi], películas delgadas [lxxxii] y fibras [lxxxiii].

1.3.3. Sistema de poro

Las sílicas mesoporosas periódicas presentan sistemas de poro que puede ser de forma bidimensional de canales uniformes como en el caso de MCM-41, y de canales tridimensionales conectados para MCM-48 ó en forma de cajas de poros como en la SBA-2 y FDU-1. A través del análisis de las características fundamentales de los sistemas de poros tales como: el área superficial, volumen de poro, distribución de tamaño de poro y la conectividad del poro; así como también la adsorción de gases se han convertido en las técnicas fundamentales de caracterización para los sólidos nanoporosos.

En la Tabla 4 se puede observar el tamaño de poro de los sólidos mesoporosos con relación al fundamento del método de preparación. Existen dos estrategias principales para diseñar el tamaño del poro. La primera se da según la síntesis directa usando surfactantes con variadas longitudes de cadenas, adicionando extensores o aumentando la temperatura durante el tratamiento hidrotérmico. Por último, el segundo método de preparación se realiza a través del tratamiento post-síntesis de la solución madre, en agua o en suspensiones acuosas de aminas de cadena larga. Estás técnicas fueron aplicadas primordialmente en la MCM-41, y en menor proporción en la SBA-15.

Tabla 4. Métodos para diseñar tamaños de poros de sílicas mesoporosas.

Tamaño de poro (nm)	Método
2-5	Uso de surfactantes de diferentes longitud de cadena:
	Cargados (alquilamonio).
	Neutro(alquilamina)
4-10	Uso de expansores de micela:
	Hidrocarburos aromáticos, Alquenos, Trialquilaminas,
	Alquildimetilaminas
4-7	Tratamientos hidrotérmicos post-síntesis:
	En líquidos madres
	En agua
2	Síntesis a altas temperaturas
2,5-6,6	
3,5-25	Tratamientos post-síntesis amino –agua
5-30	Uso de polímeros tribloques y expansores
>50	Templado con emulsiones
>200	Templado con coloidales cristalinos

Los materiales nanoporosos cúbicos tales como: MCM-48 [lxxxiv, lxxxv] y SBA-1 [lxxxvi], presentaron variaciones de tamaño en sus poros, normalmente entre 2,5 y 4,5 nm. Aun así, hay dos mesofases de silica cúbica con tamaños de poros mayores a 4,5 nm. La primera es la SBA-6 (Pm3n), la cual posee una estructura de poro binodal, con cajas de 7,3 y 8,5 nm [lxxxvii]. En cuanto a la segunda estructura esta fue sintetizada bajo condiciones ácidas en presencia del copolímero bloque $EO_{132}PO_{50}EO_{132}$ (F108) y sulfato de potasio (K_2SO_4). Esta mesofase posee poros de 7,4 nm; además la misma reveló una simetría cúbica similar a la SBA-16 (Im3m) [lxxxviii]. En cuanto a HMS [lxxxix] y MSU-x [xc], que son silicatos preparados por medio de mecanismos neutros, también mostraron solo variaciones de tamaño de poro.

Las MCM-41 y SBA-15, poseen la misma simetría (2D hexagonal), sin embargo, estas tienen importantes diferencias en cuanto a sus poros. Entre las cuales podemos citar las siguientes: la MCM-41 es únicamente de naturaleza mesoporosa [xci], mientras que la SBA-15 tiene microporos conectados. La MCM-41 posee el tamaño de poro más pequeño, así como también menor espesor de la pared del poro, lo que fue expuesto a través de análisis de adsorción de gases, usando el método de α_s-plot [lxxxvi] y por sinterización de platino estable [xcii] y carbón [xciii], indicando así que los canales de los mesoporos de la SBA-15 están interconectados.

Actualmente, los investigadores del área de los materiales mesoporosos concuerdan en que el origen de los microporos está relacionado, a la penetración de los bloques EO hidrofílico del templante copolímero, en las paredes de la silica [xciv]. La aparición de microporos en la silica mesoporosa preparada con los copolímeros bloque de poli (óxido de alquileno) parece ser muy frecuente [xcv, xcvi]. De igual modo, es interesante saber que el volumen del microporo puede ser reducido significativamente realizando la síntesis a 100 °C [xcvii], en presencia de sal [xcviii], o mediante el tratamiento pos-síntesis a temperaturas altas (síntesis de SBA-15). En los materiales porosos periódicos existe un significativo inconveniente en cuanto al margen de tamaño de poro que existe entre las zeolitas de poros más grandes y las de poro más pequeño, preparadas por las técnicas de templante supramolecular (alrededor de 1 a 2 nm). Para estudiar y poner en claro este margen de poro, muchos científicos de esta área han venido realizado numerosas investigaciones entre las cuales se reportaron dos zeolitas la UTD-1 [xcix] y la CIT-5 [c], que contienen gran cantidad de silica, con poros unidimensionales que presentan 14 átomos formando tetraedros, y que son ligeramente mayores a la faujasita. Cuyos canales para la primera fue de 0,75×1,0 nm y 0,73 nm para la segunda. El silicato de germanio ITQ-21, con una red de poro tridimensional que contiene cavidades de 1,18 nm accesibles a través de 6 ventanas circulares [ci], fue otra invención importante en este campo. Cabe destacar también que los silicatos [cii], organosilicatos [ciii], y otros óxidos [civ] menor a 2 nm han sido sintetizados a través de la técnica de auto ensamble.

1.3.4. Paredes de los poros

Las paredes de los sólidos mesoporosos como se mencionó anteriormente no son solo amorfas, puesto que también son de muy poco espesor, por tanto, genera problemas en relación con su estabilidad hidrotérmica [cv] y mecánica, así como también a sus propiedades catalíticas [cvi, cvii]. No obstante, a pesar de ello los científicos e investigadores de esta área han presentado numerosas publicaciones en torno a la preparación de titanosilicatos (TS) mesoporosos, que catalizarían la oxidación selectiva de grandes moléculas orgánicas en presencia de peróxido de hidrógeno diluido con actividad intrínseca equivalente a la TS-1 [cviii], para moléculas pequeñas. Ahora bien, existen ciertos materiales que se comportan como titanosilicatos amorfos [cix] con actividad escasa o nula para reacciones especificas [cx, cxi].

Muchas investigaciones, especialmente sobre la familia M41S, han sido enfocadas a la mejora de la estabilidad térmica de la mesofase de silica, cuya inestabilidad generalmente se ha atribuido a la hidrólisis de los silicatos, logrando grandes progresos por medio del aumento del espesor de la pared del poro; por el incremento de la condensación de las paredes de la silica; por la optimización de los parámetros de síntesis o por el tratamiento post-síntesis [cxii, cxiii]. Así mismo, cabe destacar que la estabilidad hidrotérmica puede ser drásticamente aumentada a través de la trimetilsilación [cxiv] o por un mayor y mejor revestimiento de la mesofase con una capa de aluminosilicato a través de la aluminación en condiciones supercríticas [cxv]. En la actualidad, se ha establecido que el sodio limita directamente la estabilidad hidrotérmica de las mesoestructuras de silica [cxvi]. En este trabajo, se reportó que la silica MCM-41, preparada en ausencia de sodio y usando silica "fume", fue mucho más estable hidrotérmicamente que su homóloga sintetizada a partir de silicato de sodio. Al mismo tiempo, pequeñas proporciones de sodio en la muestra, tiene un efecto deletéreo sobre su estabilidad hidrotérmica. Encontrándose, que el sodio empleado en la síntesis mostraba cantidades residuales fuertemente retenidas, que no lograron ser eliminadas incluso por amplios y repetitivos lavados o por intercambio iónico con amonio. Los iones de sodio atrapados catalizan el colapso de la mesoestructura de silica tratadas con vapor. Además de la propuesta anteriormente expuesta, se presenta otra manera, la cual fue estudiada por un gran número de investigadores [cxvii, cxviii], para mejorar al mismo tiempo la fuerza ácida y la estabilidad hidrotérmica [cxix] de los aluminosilicatos mesoporosos, el método se basó en la cristalización de las paredes del poro, dentro de las cavidades nanocristalinas del material a modificar utilizando dos pasos de síntesis estratégicos. El procedimiento fue fundamentado en la preparación de un aluminosilicato regular de MCM-41, con la finalidad de usarlo como precursor para la cristalización parcial de las paredes del poro dentro de los cristales zeolíticos de la HZSM-5, en presencia de un templante supramolecular de bromuro ó hidróxido de tetrapropilamonio. Entre tanto, la estructura de dichos materiales sigue siendo controversial, en cuanto a que el tamaño de las partículas de la zeolita excede algunas veces el espesor de pared por más de un orden de magnitud. Hoy en día, podemos ubicar otro procedimiento ampliamente empleado para la síntesis de materiales mesoporosos altamente ácidos [cxx, cxxi] y cuya estabilidad térmica se asemeja a la de estructuras zeolíticas [cxxii, cxxiii]. Esta metodología se fundamenta en la preparación de nanocristales de zeolitas empleando los procedimientos descritos en la literatura [cxxiv], para luego acoplar e incorporarse entre ellos haciendo uso del templante supramolecular previamente descrito. Esta ruta alternativa fue utilizada para el desarrollo de una serie de aluminosilicatos mesoporosos ensamblados a partir de zeolitas ZSM-5, Y, y beta. Obteniendo materiales con fuerte acidez, alta estabilidad hidrotérmica y buenas propiedades catalíticas.

1.3.5. Morfología

Los materiales mesoporosos silicos periódicos presentan una gran diversidad de morfologías como: películas delgadas, esferas, fibras y grandes monolitos. Asimismo, contrariamente a su naturaleza amorfa, las mesofases de silica cúbica con los siguientes grupos espaciales: Ia3d (MCM-48) [cxxv, cxxvi], Pm3n (SBA-1) e Im3m, fueron obtenidos como partículas con un solo cristal. Los organosilicatos mesoporosos cúbicos (Pm3n), también fueron sintetizados como partículas dodecaédricas rómbicas truncadas [cxxvii, cxxviii]. También, se observaron una gran variedad de partículas con formas extrañas en los patrones superficiales. Han sido reportadas partículas con morfologías de toroide, gyroid, diskoide, espiral, esferoidal, pinwheel, rosca, capa, cuerda y otras, no solo para las mesofases de sílicas [cxxix, cxxx], sino también para organosilicatos [cxxxi] y otros óxidos [cxxxii, cxxxiii].

1.3.6. Aplicaciones de los materiales mesoporosos tipo M41S

Soportes

Las grandes áreas de superficie de los materiales M41S, hacen a estos materiales muy atractivos como soportes para las fases activas. Las estructuras mesoporosas han sido probadas como soportes para ácidos [cxxxiv], bases [cxxxv] y metales u óxidos metálicos [cxxxvi]. Por ello en la presente tesis se utiliza los materiales MCM-48 como soportes para catalizadores de HDS.

Catálisis ácida

Uno de los principales campos considerados para la aplicación de los materiales M41S es el craqueo catalítico de grandes moléculas, como las provenientes del petróleo y gasolinas.

Catálisis redox

Las reacciones de oxidación selectiva de parafinas, olefinas y alcoholes han sido satisfactoriamente llevadas a cabo sobre una solución de sílice-titanio, formando el Ti-MCM-41 [cxxxvii].

Películas y membranas

La mayor desventaja que presentan estos materiales para actuar como películas o membranas es que los poros están alineados paralelamente con el sustrato. En las aplicaciones potenciales, como la separación biomolecular de membranas y sensores de moléculas grandes, los poros deberán estar preferiblemente alineados perpendicularmente al sustrato sólido. Tolbert *et. al.,* [cxxxviii] propuso una posible solución para este problema es sintetizar una película mesoporoso tridimensional.

1.3.7. Descripción de la MCM-48

En la MCM-48 como en los demás materiales mesoporosos ordenados sintetizados por el grupo Mobil, las moléculas orgánicas forman inicialmente agregados micelares que son los que interaccionan con las especies inorgánicas, por lo tanto, la especie clave en la síntesis de los materiales tipo M41S es el surfactante, que para el caso de la MCM-48 es del tipo $C_nH_{2n+1}(CH_3)_3N^+$ o Geminales $C_{n-s-n}{}^a$. Por otro lado, en cuanto a publicaciones realizadas por Beck *et. al.,* [lxvii] y Kresge *et. al.,* [cxxxix], los mismo no aportaron más información de esta debido a lo difícil de su configuración estructural, sólo se menciona que fue sintetizada una estructura mesoporosa de arreglo cúbico.

Huo *et. al.,* [lxxiv] en su investigación sobre el control de las fases de surfactantes en la síntesis de materiales mesoporosos a base de sílice reportaron un procedimiento bien establecido para la síntesis de la MCM-48, encontrándose que la diferencia fundamental entre los procedimientos de síntesis de la MCM-41 y la MCM-48 es la relación molar Templante/SiO_2, para la cual la MCM-48 requiere concentraciones de templantes superiores a la MCM-41, este efecto fue explicado cuantitativamente basándose en los factores que afectan el empaquetado molecular del templante en cada sistema. Debido al gran potencial catalítico y como absorbente de la síntesis de MCM-48 y a su reproducibilidad, se ha generado en la actualidad un interés en el uso e investigación de su estructura, la cual refleja un sistema de canales tridimensional y sinusoidales que aporta más beneficios en cuanto a la accesibilidad de los reactantes a los sitios activos ubicados en las paredes internas de las cavidades, que en el sistema unidimensional de la MCM-41.

Anderson [cxl] en su trabajo titulado descripción simplificada de la MCM-48, logro explicar estructura, simetría y sistema de poro en el rango de los 100 Å, la cual es semejante a la superficie que describe la gráfica de la ecuación de Gyroid, presentada a continuación:

$$sen(x)cos(y) + sen(z)cos(x) + sen(y)cos(z) = 0 \qquad (9)$$

Al hablar de las paredes de los canales de la MCM-48 estas están constituidas por silica amorfa, la misma ofrece muy buena estabilidad térmica e hidrotérmica. En cuanto al grosor de la pared promedio de la MCM-48 este se ubica alrededor de 3 a 15Å.

CAPITULO 2. METODOLOGÍA PARA LA SÍNTESIS, CARACTERIZACIÓN, Y CATÁLISIS DE MOS₂ Y NIMOS SOBRE MCM-48

En este capítulo se presenta una metodología para la obtención de base de brea de alquitrán de petróleo, las técnicas de caracterización y de realización de los experimentos, aunado al funcionamiento de instrumentos y equipos.

2.5. Metodología experimental

2.5.1. Síntesis del soporte MCM-48

La síntesis hidrotérmica del sólido MCM-48 se llevó a cabo usando como agente templante bromuro de cetil-trimetil-amonio (CTMABr) (MERCK, 98 %), como fuente de silicio Aerosil 200 (DEGUSSA, 99 %) y hidróxido de sodio (EKA Chemicals, 98 %). Las composiciones molares del gel de síntesis fueron SiO_2: 0,38 Na: 0,75 CTMABr: 120 H_2O. El CTMABr se disolvió en agua desionizada bajo agitación y luego la mezcla se calentó levemente (40 °C) durante 5 minutos, a continuación se adicionó hidróxido de sodio y silica.

El gel de síntesis se transfirió a un autoclave de acero inoxidable y se agitó durante 2 horas, luego se detuvo la agitación y se calentó a 150 °C por 4 h. El sólido fue filtrado y lavado con una mezcla 1:1 de agua desionizada y etanol. Posteriormente el MCM-48 fue secado en una estufa a 100 °C por 24 h. La calcinación se llevó a cabo desde temperatura ambiente hasta 520 °C a una rampa de calentamiento de 1 °C/min, donde permaneció a esta temperatura por 10 h en flujo de oxígeno a 60 mL/min. Tal como se observa en la Figura 8:

Solución H_2O + CTAB.

↓

Adicionar NaOH.

↓ Calentar levemente (40 °C).

Agregar Silica amorfa (SiO_2).

↓ Agitar durante 2 h a T. ambiente.

Pasar al autoclave y calentar a 150 °C por 4 h.

↓

Filtrar, lavar y secar a 120 °C por 24 h.

↓

Calcinar a 520 °C con una rampa de 1 °C/min hasta la T. final con O = 60 mL/min.

↓

Caracterización.

Figura 8. Síntesis de MCM-48 (síntesis hidrotérmica) [cxli].

2.5.2. Impregnación del soporte MCM-48

2.5.2.1. MoS₂/MCM-48

Los catalizadores MoS_2/MCM-48 fueron preparados por dos métodos:

A.- Descomposición de hexacarbonilo de molibdeno ($Mo(CO)_6$) (sulfuración directa): se tomó una cantidad especifica de MCM-48 en relación con la cantidad requerida de hexacarbonilo de molibdeno (Aldrich 98 %) para incorporar 15 % p/p de Mo, se añadió la cantidad estequiométrica de azufre elemental (Merck 99 %) para la formación de MoS_2 a continuación estos componentes fueron transferidos a la camisa de vidrio del autoclave, donde se adicionó el solvente orgánico (heptano J. T. Bake Chemical Co 99,8 %) 50 mL por gramo de MCM-48, finalmente se llevó al autoclave y se sometió a una presión de 100 psi de H_2 (AGA U.A.P). La mezcla resultante fue calentada a la temperatura de trabajo deseada bajo agitación por un tiempo de reacción de 5 h. Se ensayaron tres temperaturas 200, 250 y 300 °C. El sólido obtenido fue secado durante 24 h a 120 °C. Como resultado se obtuvieron los catalizadores soportados A-MoS_2, a temperatura de 200, 250 y 300 °C. En la Figura 9 se presenta en forma esquemática, el procedimiento para la preparación del sulfuro de molibdeno por descomposición del hexacarbonilo de molibdeno durante la impregnación.

Pesar una cantidad especifica de MCM-48.

↓

Pesar la cantidad requerida de hexacarbonilo de molibdeno para incorporar 15 % p/p de Mo.

↓

Pesar la cantidad estequiométrica de azufre elemental, para la formación de MoS_2.

↓

Colocar cada uno de estos componentes en la camisa de vidrio del autoclave.

↓

Adicionar el solvente orgánico (heptano 50 mL por gramo de MCM-48).

↓

Llevar la mezcla al autoclave y someterla a una presión de 100 psi de H_2.

↓

Llevar a la temperatura de trabajo (200, 250 y 300 °C) por 5 h, bajo agitación.

↓

Enfriar y evaporar.

↓

Secar por 24 h a 120 °C, almacenar bajo vacío.

Figura 9. Preparación del sulfuro de molibdeno por descomposición del hexacarbonilo de molibdeno durante la impregnación de MCM-48.

B.- Impregnación incipiente con solución de $(NH_4)_6Mo_7O_{24}$ (heptamolibdato de amonio): se pesó una cantidad específica de MCM-48, de mismo modo se pesó una cantidad de heptamolibdato de amonio (Sigma-Aldrich, 99,9 %) para incorporar 15 % p/p de molibdeno, a continuación estos componentes fueron transferidos a la camisa de vidrio del autoclave, donde se adicionó el solvente orgánico (heptano J. T. Bake Chemical Co 99,8 %) 50 mL por gramo de MCM-48, finalmente se llevó al autoclave y se sometió a una presión de 100 psi de H_2 (AGA U.A.P).

La mezcla resultante fue calentada a la temperatura de trabajo deseada bajo agitación por un tiempo de reacción de 5 h. Se ensayaron tres temperaturas 200, 250 y 300 °C. El sólido obtenido fue secado durante 24 h a 120 °C. Posteriormente se hidrosulfuró en flujo de una mezcla H_2S/H_2 (10/90) a 350 °C.

Como resultado se obtuvieron los catalizadores soportados $B\text{-}MoS_2$, a temperatura de 200, 250 y 300 °C. En la Figura 10 se presenta en forma esquemática, el procedimiento para la preparación del sulfuro de molibdeno por descomposición del heptamolibdato de amonio durante la impregnación y posterior sulfuración.

Pesar una cantidad específica de MCM-48.

↓

Pesar la cantidad requerida de heptamolibdato de amonio para incorporar

15 % p/p de Mo.

$\downarrow$

Colocar cada uno de estos componentes en la camisa de vidrio del
autoclave.

$\downarrow$

Adicionar el solvente orgánico (heptano 50 mL por gramo de MCM-48).

$\downarrow$

Llevar la mezcla al autoclave y someterla a una presión de 100 psi de H_2.

$\downarrow$

Llevar a la temperatura de trabajo (200, 250 y 300 °C) por 5 h, bajo
agitación.

$\downarrow$

Enfriar y evaporar.

$\downarrow$

Secar por 24 h a 120 °C, almacenar bajo vacío.

$\downarrow$

Hidrosulfurar en flujo de una mezcla H_2S/H_2 (10/90) a 350 °C.

Figura 10. Preparación del sulfuro de molibdeno por impregnación incipiente
de MCM-48 con heptamolibdato de amonio y posterior sulfuración.

2.5.2.2. MoNiS/MCM-48

Al igual que en los sólidos expuestos anteriormente en la preparación de los
catalizadores MoNiS/MCM-48 se emplearon dos métodos:

**A.- Descomposición de hexacarbonilo de molibdeno ($Mo(CO)_6$) (sulfuración
directa):** se tomó una cantidad especifica de MCM-48 en relación con la
cantidad requerida de hexacarbonilo de molibdeno (Aldrich 98 %) para

incorporar 15 % p/p de Mo, se pesó la cantidad requerida de acetato de níquel Ni(CH$_3$COO)$_2$.4H$_2$O (Aldrich 98 %) para incorporar 10 % p/p de Ni, a esta mezcla se le añadió la cantidad estequiométrica de azufre elemental (Merck 99 %), a continuación estos componentes fueron transferidos a la camisa de vidrio del autoclave, donde se adicionó el solvente orgánico (heptano J. T. Bake Chemical Co 99,8 %) 50 mL por gramo de MCM-48, finalmente se llevó al autoclave y se sometió a una presión de 100 psi de H$_2$ (AGA U.A.P). La mezcla resultante fue calentada a la temperatura de trabajo deseada bajo agitación por un tiempo de reacción de 5 h. Se ensayaron tres temperaturas 200, 250 y 300 °C. El sólido obtenido fue secado durante 24 h a 120 °C. Como resultado se obtuvieron los catalizadores soportados A-MoS$_2$, a temperatura de 200, 250 y 300 °C. Del mismo modo, este procedimiento fue empleado para estudiar el efecto de la concentración de níquel a 250 °C, para ello se peso acetato de níquel Ni(CH$_3$COO)$_2$.4H$_2$O (Aldrich 98 %) para incorporar 5 y 15 % p/p de Ni, obteniéndose los catalizadores A-MoNiS-250-5 y A-MoNiS-250-15, respectivamente. En la Figura 11 se presenta en forma esquemática, el procedimiento para la preparación del catalizador por descomposición del hexacarbonilo de molibdeno y acetato de níquel durante la impregnación de MCM-48.

Pesar una cantidad especifica de MCM-48.

↓

Pesar la cantidad requerida de hexacarbonilo de molibdeno para incorporar

15 % p/p de Mo.

↓

Pesar la cantidad requerida de acetato de níquel Ni(CH$_3$COO)$_2$.4H$_2$O para

incorporar de 10 % p/p de Ni.

(Para los catalizadores A-MoNiS-250-5 y A-MoNiS-250-15,

se incorporó 5 y 15 % de Ni a 250 °C)

↓

Pesar la cantidad estequiométrica de azufre elemental, para la formación de MoS_2.

↓

Colocar cada uno de estos componentes en la camisa de vidrio del autoclave.

↓

Adicionar el solvente orgánico (heptano 50 mL por gramo de MCM-48).

↓

Llevar la mezcla al autoclave y someterla a una presión de 100 psi de H_2.

↓

Llevar a la temperatura de trabajo (200, 250 y 300 °C) por 5 h, bajo agitación.

↓

Enfriar y evaporar.

↓

Secar por 24 h a 120 °C, almacenar bajo vacío.

Figura 11. Preparación del catalizador por descomposición del hexacarbonilo de molibdeno y acetato de níquel durante la impregnación de MCM-48.

B.- Impregnación incipiente con solución de $(NH_4)_6Mo_7O_{24}$ (heptamolibdato de amonio): se pesó una cantidad específica de MCM-48, asimismo, se tomó una cantidad de heptamolibdato de amonio (Sigma-Aldrich, 99,9 %) para incorporar 15 % p/p de molibdeno, se pesó la cantidad requerida de acetato de níquel $Ni(CH_3COO)_2.4H_2O$ (Aldrich 98 %) para incorporar 10 % p/p de Ni, seguidamente estos componentes fueron transferidos a la camisa de vidrio del autoclave, donde se adicionó el solvente orgánico (heptano J. T. Bake Chemical Co 99,8 %) 50 mL por gramo de MCM-48, finalmente se llevó al autoclave y se sometió a una presión de 100 psi de H_2 (AGA U.A.P). La mezcla resultante fue calentada a la temperatura de trabajo deseada bajo agitación por un tiempo de reacción de 5 h. Se ensayaron tres temperaturas 200, 250 y 300 °C. El sólido obtenido fue secado durante 24 horas a 120 °C. Posteriormente se hidrosulfuró en flujo de H_2S/H_2 (10/90) a 350 °C. Como resultado se obtuvieron los catalizadores soportados B-MoNiS, a temperatura de 200, 250 y 300 °C.

Por otro lado, este procedimiento fue empleado para estudiar el efecto de la concentración de níquel a 250 °C, para ello se peso acetato de níquel $Ni(CH_3COO)_2.4H_2O$ (Aldrich 98 %) para incorporar 5 y 15 % p/p de Ni, obteniéndose los catalizadores B-MoNiS-250-5 y B-MoNiS-250-15, respectivamente.

En la Figura 12 se presenta en forma esquemática, el procedimiento para la preparación del catalizador por descomposición del heptamolibdato de amonio y acetato de níquel durante la impregnación con posterior sulfuración.

Pesar una cantidad especifica de MCM-48.

↓

Pesar la cantidad requerida de heptamolibdato de amonio para incorporar

15 % p/p de Mo.

↓

Pesar la cantidad requerida de acetato de níquel $Ni(CH_3COO)_2.4H_2O$ para

incorporar de 10 % p/p de Ni. (Para los catalizadores B-MoNiS-250-5 y B-

MoNiS-250-15,

se incorporó 5 y 15 % de Ni a 250 °C)

↓

Colocar cada uno de estos componentes en la camisa de vidrio del

autoclave.

↓

Adicionar el solvente orgánico (heptano 50 mL por gramo de MCM-48).

↓

Llevar la mezcla al autoclave y someterla a una presión de 100 psi de H_2.

↓

Llevar a la temperatura de trabajo (200, 250 y 300 °C) por 5 h, bajo
agitación.

↓

Enfriar y evaporar.

↓

Secar por 24 h a 120 °C, almacenar bajo vacío.

↓

Hidrosulfurar en flujo de una mezcla H_2S/H_2 (10/90) a 350 °C.

Figura 12. Preparación del catalizador por impregnación incipiente de MCM-48 con (heptamolibdato de amonio) y acetato de níquel con posterior sulfuración.

Tabla 5. Código y especificaciones de los catalizadores.

Nombre	*Especificaciones*
A-MoS$_2$-200	MoS$_2$/MCM-48, 15 % Mo + S, T= 200 °C por 5 h.
A-MoS$_2$-250	MoS$_2$/MCM-48, 15 % Mo + S, T= 250 °C por 5 h.
A-MoS$_2$-300	MoS$_2$/MCM-48, 15 % Mo + S, T= 300 °C por 5 h.
B-MoS$_2$-200	MoS$_2$/MCM-48, 15 % Mo + flujo de H_2S/H_2, T=200 °C por 5 h.
B-MoS$_2$-250	MoS$_2$/MCM-48, 15 % Mo + flujo de H_2S/H_2, T=250 °C por 5 h.
B-MoS$_2$-300	MoS$_2$/MCM-48, 15 % Mo + flujo de H_2S/H_2, T=300 °C por 5 h.

A-MoNiS-200	MoS_2/MCM-48, 15 % Mo, 10 % Ni + S, T= 200 °C por 5 h.
A-MoNiS-250	MoS_2/MCM-48, 15 % Mo, 10 % Ni + S, T= 250 °C por 5 h.
A-MoNiS-300	MoS_2/MCM-48, 15 % Mo, 10 % Ni + S, T= 300 °C por 5 h.
B-MoNiS-200	MoS_2/MCM-48, 15% Mo,10 % Ni + flujo de H_2S/H_2, T= 200 °C por 5 h.
B-MoNiS-250	MoS_2/MCM-48, 15% Mo,10 % Ni + flujo de H_2S/H_2, T= 250 °C por 5 h.
B-MoNiS-300	MoS_2/MCM-48, 15% Mo,10 % Ni + flujo de H_2S/H_2, T= 300 °C por 5 h.
A-MoNiS-250-5	MoS_2/MCM-48, 15 % Mo, 5 % Ni + S, T= 300 °C por 5 h.
A-MoNiS-250-15	MoS_2/MCM-48, 15 % Mo, 15 % Ni + S, T= 300 °C por 5 h.
B-MoNiS-250-5	MoS_2/MCM-48, 15% Mo, 5 % Ni + flujo de H_2S/H_2, T= 300 °C por 5 h.
B-MoNiS-250-15	MoS_2/MCM-48, 15% Mo,15 % Ni + flujo de H_2S/H_2, T= 300 °C por 5 h.

2.6. Técnicas de caracterización

2.6.1. Difracción de rayos X (DRX)

A.- Análisis a bajos ángulos

El análisis por DRX de polvo de los sólidos fue realizado a condiciones de temperatura ambiente en un difractómetro de polvo marca Siemens modelo

D5005 con capacidad para 40 muestras. El generador fue operado a 40 kV y 30 mA y se tomaron los datos con una radiación Cu Kα (λ= 1,5405 Å), con rendija receptora fija en 0,2 mm y de divergencia variable ajustada a 1 mm. Se barrio a un rango de 2θ comprendido entre 1,5° a 10°, con un paso de barrido de 0,020° y un tiempo de paso de 0,8 s (tiempo de exposición de 40 s/paso).

B.- Análisis a ángulos convencionales

El equipo utilizado para la caracterización por DRX a ángulos superiores fue un difractómetro de polvo, que empleó una cámara Guinier Enraf Monius FR-552, alineada sobre una fuente de rayos X marca Philips PW 1130/90/96. Las condiciones de operación fueron: radiación de Cu Kα de longitud de onda 1,5406 Å, a una velocidad de 0,02° a partir de un rango de barrido de 2θ comprendido entre 5 y 70°.

2.6.2. Fisisorción de nitrógeno

Las propiedades texturales, tales como: área superficial, tamaño de poro y volumen de poro de los catalizadores fueron determinadas a través de un equipo de fisisorción marca Micromeritics, modelo ASAP 2010. La cantidad de muestra empleada fue aproximadamente 0,1 g, la cual fue desgasificada a 200 °C por 2 horas en vacío previamente al análisis.

2.6.3. Microscopía electrónica de transmisión (MET)

La observación de las muestras se realizó en un Microscopio Electrónico de Transmisión Philips, modelo CM-10.

2.6.4. Microscopía electrónica de barrido (MEB) y dispersión de energía de rayos X (EDX)

El análisis químico y morfológico de los catalizadores impregnados se realizó mediante MEB-EDX, usando para ello un equipo marca Hitachi modelo S2500, dotado de un espectrómetro de rayos X por dispersión de energía marca Kevex modelo Delta-3. Este microscopio se halla acoplado a una interfase NORAN para la captura de las imágenes. Para la determinación morfológica de las muestras se dispersó una pequeña cantidad alrededor de 0,0005 g en etanol mediante ultrasonido y después de ser secadas se recubrieron con una delgada capa de plata (Ag), para elevar su conductividad. No obstante en cuanto al cálculo de la composición elemental se procedió a colocar la muestra en él porta muestra sin tratamiento previo.

2.7. Pruebas térmicas

El objetivo de estas pruebas es verificar que el solvente empleado no experimente modificaciones durante el proceso catalítico de conversión, se llevará a cabo un ensayo para determinar si el mismo se mantiene inerte a lo largo de las pruebas. Para ello, se introdujo una mezcla de n-decano con 1% de tolueno dentro del reactor en presencia de MCM-48 de partida (0% de MoS_2) y se procedió a llevarlo a las condiciones de operación (350 °C, 90 min). Luego de culminada la prueba se procedió a caracterizar los líquidos obtenidos usando un cromatógrafo de gases Agilent 6890 dotado de un detector de ionización en llama las condiciones del equipo se presentarán en el apartado de pruebas catalíticas. Por otra parte, para determinar una posible interacción entre el solvente y los catalizadores se realizó una prueba a las mismas condiciones de reacción con cada uno de los catalizadores. Del mismo modo se diseñó una experiencia orientada a determinar la estabilidad del DBT en presencia del material nanoporoso de partida a 350 °C durante 90 minutos.

2.8. Pruebas catalíticas

Las pruebas catalíticas de hidrodesulfuración se llevarón a cabo en reactores de vidrio pyrex, de lecho fijo, en corriente continua con flujo descendente (Figura 13), a una temperatura de reacción de 350 °C con una masa de catalizador de 0,200 g. La mezcla de 1 % dibenzotiofeno DBT (Aldrich, 98 %) = 24,562 ppm en n-decano (sigma >99 %), tuvo como patrón interno 1 % p/p de tolueno (sigma >99 %), esta fue inyectada mediante una bomba de desplazamiento que permitió variar la velocidad de inyección. El flujo de la mezcla fue de 3 mL/h.

Las muestras fueron sometidas a pretratamiento a 450 °C en flujo de nitrógeno N_2 (AGA UAP) de 30 mL/min durante 1 hora. Como gas portador en la reacción se empleó hidrógeno H_2 (AGA UAP) con una velocidad de flujo de 20 mL/min. Los productos fueron recolectados en viales mediante el uso de un condensador que se mantuvo a 0 °C a la salida, en este condensador se colocó una trampa de NaOH al 30 %, para capturar el H_2S formado.

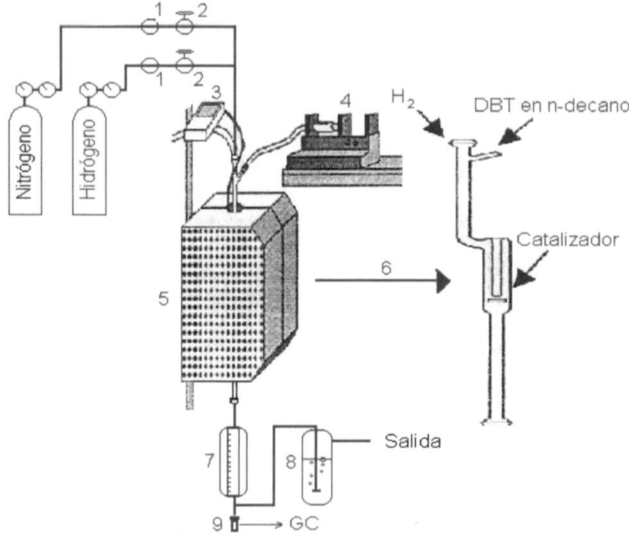

Figura 13. Sistema de reacción para las pruebas catalíticas para HDS. 1) válvulas on/off, 2) válvulas de aguja, 3) termocupla, 4) bomba de desplazamiento, 5) horno tubular, 6) reactor de lecho fijo, 7) condensador, 8) trampa con NaOH, 9) vial.

El análisis de los productos de reacción se realizó en un cromatógrafo de gases Agilent 6890 dotado de un detector de ionización en llama, columna capilar PONA. Bajo condiciones de análisis cromatográfico en la reacción de HDS (Tabla 6):

Tabla 6. Condiciones para el análisis cromatográfico en la reacción de HDS.

Columna	*HP PONA (50m x 0,2mm x 0,5µm film)*

Condiciones de FID	Aire (400 mL/min)
	Hidrógeno: 40 mL/min
	Make up (nitrógeno): 30 mL/min
Temperatura inicial	50 °C durante 1 minuto
Rampa de calentamiento	15 °C/ min
Temperatura final	190 °C
Presión en la cabeza de columna	30 psig
Gas portador	Hidrógeno
Volumen muestra	3 µL
Patrón interno	Tolueno 1 % p/p

CAPITULO 3. RESULTADOS Y DISCUSIONES DE LA SÍNTESIS, CARACTERIZACIÓN, Y CATÁLISIS DE MOS₂ Y NIMOS SOBRE MCM-48

Este capítulo presenta los resultados obtenidos de las experiencias realizadas siguiendo la secuencia descrita en la metodología experimental.

3.1. Difracción de rayos X (DRX)

3.1.1. DRX a ángulos bajos:

Por medio del difractograma experimental a ángulos bajos del MCM-48 (Figura 14 b) se observa un pico de difracción de mayor intensidad a 2,64° y otros dos picos menos intensos a 3° y 5°, atribuidos a la difracción (211), (220) y (332) de los planos cristalinos, respectivamente, característicos de estructuras mesoporosas de grupo espacial cúbico Ia3d [cxlii,cxliii], que corresponde con el patrón de difracción reportado [cxliv] (Figura 14 a). Asimismo, se destaca que el pico más fuerte (211) posee poco ancho de pico, característico de estructuras altamente ordenadas y de parámetros de celda unidad grandes (79,77 Å, Tabla 7).

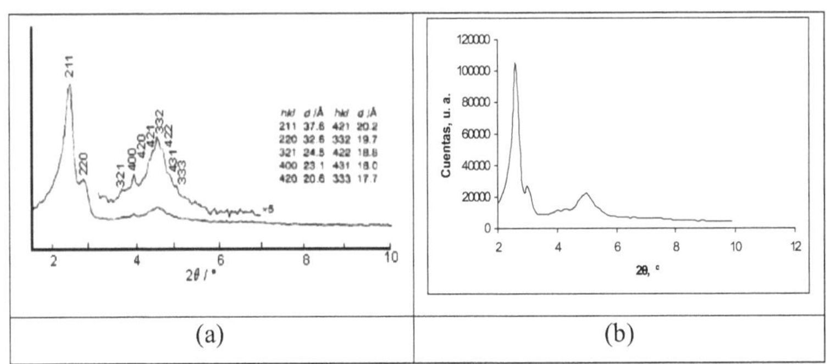

(a)	(b)

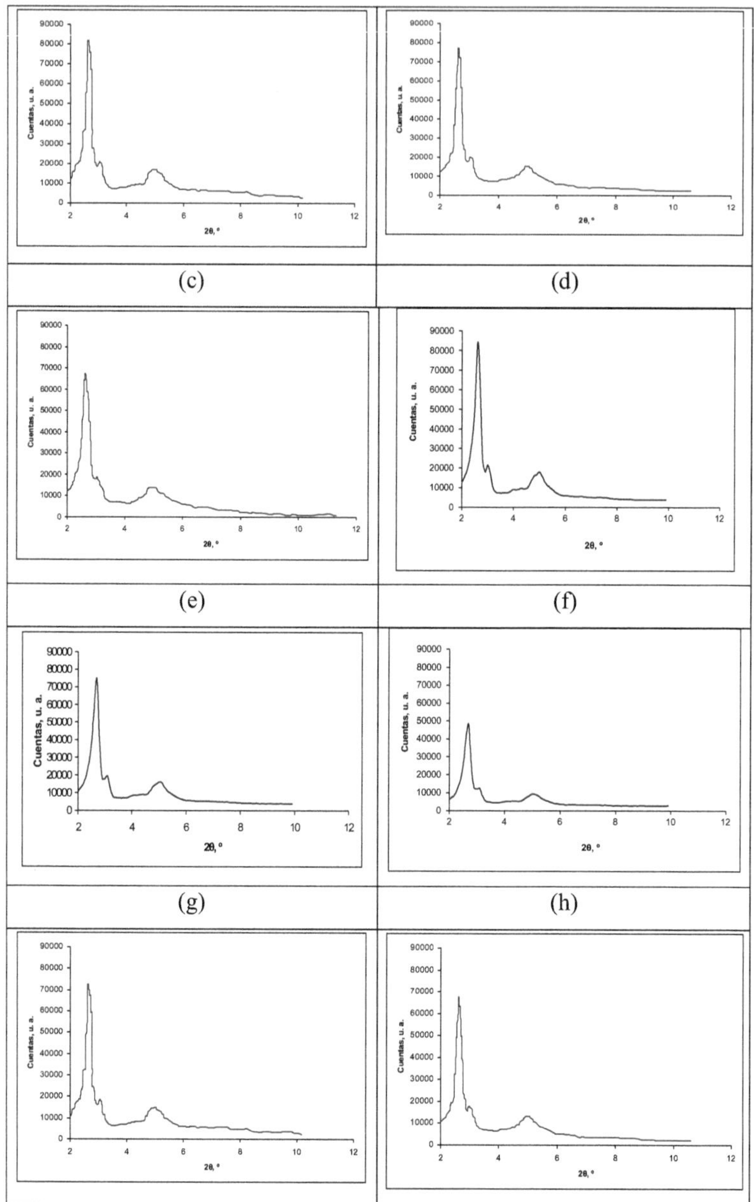

(c)

(d)

(e)

(f)

(g)

(h)

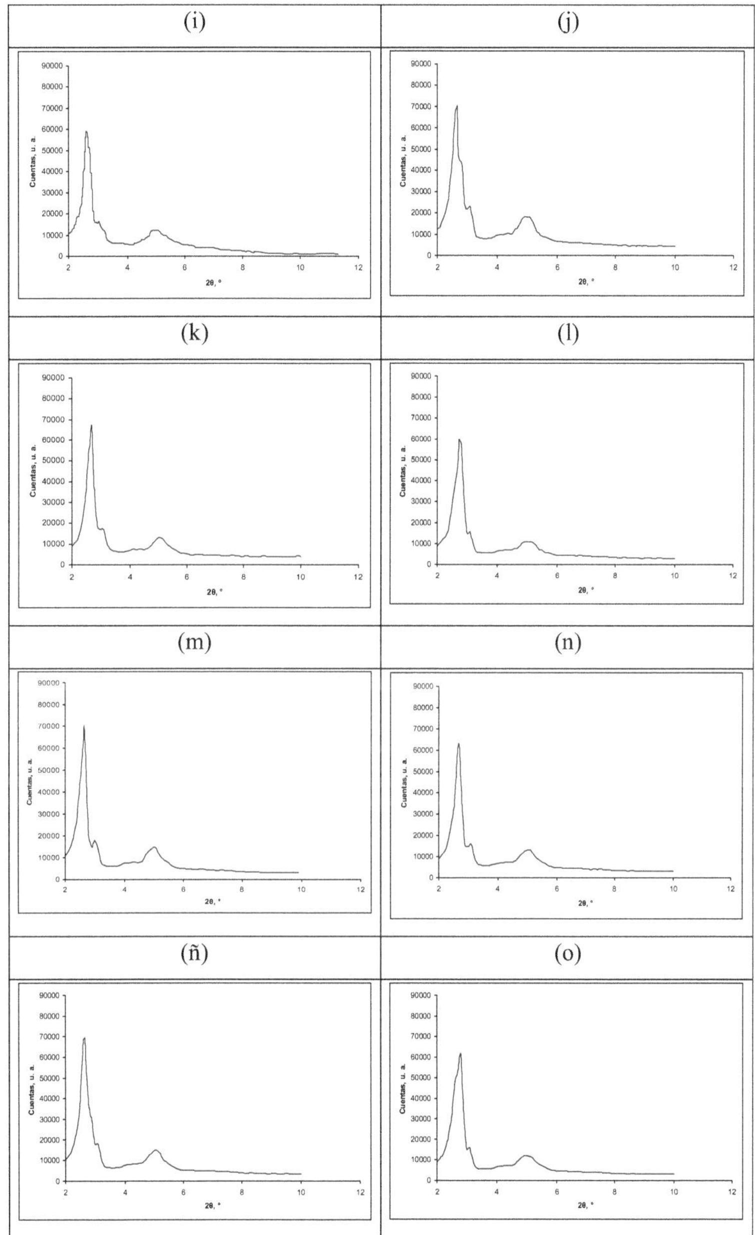

(i)
(j)
(k)
(l)
(m)
(n)
(ñ)
(o)

<table>
<tr><td align="center">(p)</td><td align="center">(q)</td></tr>
</table>

Figura 14. Patrones de DRX a ángulos bajos: (a) Reportado para la MCM-48; (b) MCM-48; (c) A-MoS$_2$-200; (d) A-MoS$_2$-250; (e) A-MoS$_2$-300; (f) B-MoS$_2$-200; (g); B-MoS$_2$-250; (h) B-MoS$_2$-300; (i) A-MoNiS-200; (j) A-MoNiS-250; (k) A-MoNiS-300; (l) B-MoNiS-200; (m) B-MoNiS-250; (n) B-MoNiS-300;(ñ) A-MoNiS-250-5; (o) A-MoNiS-250-15; (p) B-MoNiS-250-5; (q) B-MoNiS-250-15.

En los difractogramas de la Figura 14 se observa disminución de las intensidad de pico de la región ubicada entre $2\theta = 2,5°$ a $3,0°$ en función a la muestra de partida de MCM-48, revelando que el procedimiento empleado para la incorporación de las fase activas (Mo-S y Ni-Mo-S) influye en la estructura. Esto concuerda con un leve desplazamiento a un ángulo mas amplio ($2\theta = 2,71°$ máximo) del pico de reflexión del plano cristalino (211) de los catalizadores observado luego de la incorporación de Mo-S y Ni-Mo-S en comparación con el ángulo ($2\theta = 2,64$ °) del soporte MCM-48 (Tabla 7) indicando ademas un decrecimiento del parametro de red a medida que va aumentando la temperatura. Por ende, la reducción de los parámetros correspondiente a la celda unidad ($a_0 = d\sqrt{h^2 + k^2 + l^2}$) significó una reducción en la estructura mesoporosa MCM-48 durante la preparación. A pesar de que los patrones de difracción son muy similares se pudo cuantificar un ligero efecto en la temperatura con tendencia a la disminución del parámetro de celda. Al analizar todos los catalizadores vemos que para el metodo de las series A-MoS$_2$ y A-MoNiS presenta menor variación del parámetro de celda a medida que incrementa la temperatura respecto a los sólidos B-MoS$_2$ y B-MoNiS (Figura 15 y 16), destacandose que a 250 y 300 °C los solidos B-MoNiS presentan una mayor perdida de parametro de celda. Se ha señalado que la disminución de las intesidades de pico corresponde a la aparición de defectos en el sistema de poro, atribuido a una estructura menos ordenada.

Sumado a ello, la fase hexagonal pudo verse afectada trayendo como consecuencia una posible perdida de ordenamiento del soporte, aunque dicho sistema se conserva en gran medida. Los cambios en el parámetro de celda y distancias interplanares de este tipo de sólidos han sido soportados por Corma y Hussain *et. al.,* [cxlv, cxlvi]. Al comparar los dos métodos empleados para la incorporación de las distintas fuentes de molibdeno respecto al sólido mesoporoso de partida, vemos que la impregnación con hexacarbonilo de molibdeno (catalizadores A-MoS$_2$ y A-MoNiS) afecta en menor proporción las características de distancia interplanar (d) y parámetro de celda del MCM-48 (Tabla 7) respecto al método de impregnación incipiente con solución de heptamolibdato de amonio (catalizadores B-MoS$_2$ y B-MoNiS), debido presumiblemente a la capacidad del Mo(CO)$_6$ de liberar molibdeno para formar fases como sulfuro de molibdeno sobre la superficie del soporte [cxlvi] minimizando impurezas y subproductos de reaccion generados durante la preparación y asi no participen ampliamente en el bloqueo de los sitios activos en la estructura del catalizador. Mas, sin embargo, en la preparación de catalizadores de molibdeno, la sal precursora más utilizada es el heptamolibdato de amonio (sólidos B-MoS$_2$ y B-MoNiS) debido a que ha presentado resultados satisfactorios en terminos de estructura cristalina y dispersión de las fases activas, además de su disponibilidad económica y facilidad de manejo.

Tabla 7. Datos de DRX a ángulos bajos, distancia interplanar (d) y parámetro de celda (a0) de los sólidos para el pico con hkl = 211.

Muestra	*2θ/ °*	*% Error*	[a]*d / $\overset{\circ}{A}$*	[b]*a$_0$ / $\overset{\circ}{A}$*
MCM-48	2,640	±0,002	33,57	79,77
A-MoS$_2$-200	2,653	±0,002	32,41	79,38
A-MoS$_2$-250	2,649	±0,002	32,46	79,50
A-MoS$_2$-300	2,655	±0,002	32,38	79,32

B-MoS₂-200	2,650	±0,002	32,44	79,47
B-MoS₂-250	2,700	±0,002	31,84	78,00
B-MoS₂-300	2,710	±0,002	31,73	77,71
A-MoNiS-200	2,658	±0,002	32,35	79,23
A-MoNiS-250	2,661	±0,002	32,31	79,14
A-MoNiS-300	2,659	±0,002	32,21	78,90
B-MoNiS-200	2,660	±0,002	32,32	79,17
B-MoNiS-250	2,725	±0,002	31,55	77,28
B-MoNiS-300	2,729	±0,002	31,50	77,17
A-MoNiS-250-5	2,650	±0,002	32,44	79,47
A-MoNiS-250-15	2,670	±0,002	32,20	78,87
B-MoNiS-250-5	2,665	±0,002	32,26	79,02
B-MoNiS-250-15	2,803	±0,002	30,67	75,13

(a)$d_{hkl} = \lambda/2\, \mathrm{sen}\,\theta$ (b) Calculado con $a_0 = d\sqrt{h^2 + k^2 + l^2}$

En cuanto a los catalizadores A-MoNiS y B-MoNiS realizados a 250 °C en la Tabla 7 podemos ver que existe una tendencia hacia la disminución de los valores de parámetros de celda (Figura 17) y distancia intemplanar a medida que varía el porcentaje de níquel como consecuencia de la impregnación sobre la estructura mesoporosa, traduciendose en una perdida de ordenamiento de la estructura mesoporosa.

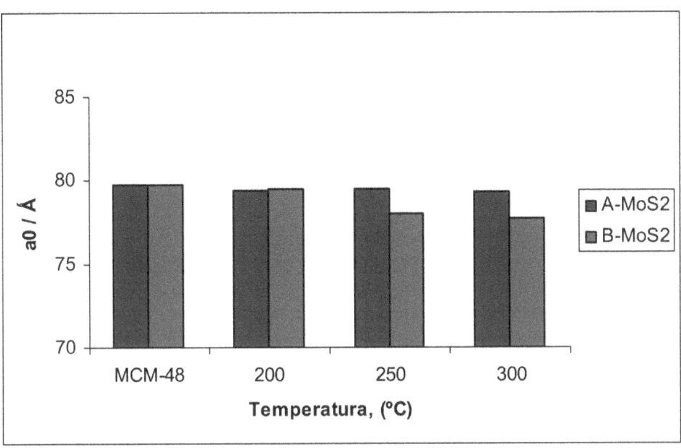

Figura 15. Parámetro de celda a0 vs. Temperatura de los catalizadores A-MoS$_2$ y B-MoS$_2$.

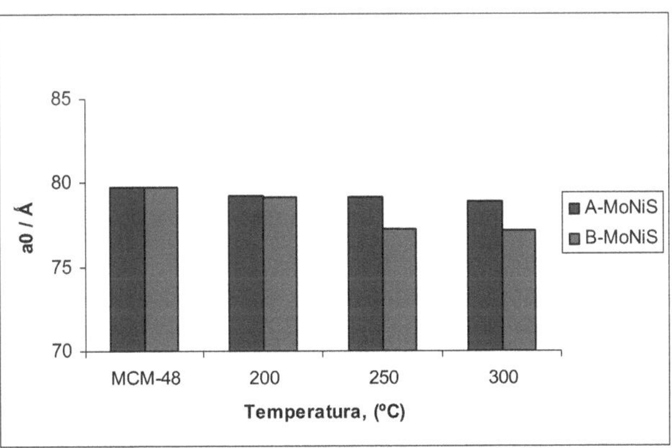

Figura 16. Parámetro de celda a0 vs. Temperatura de los catalizadores A-MoNiS y B-MoNiS.

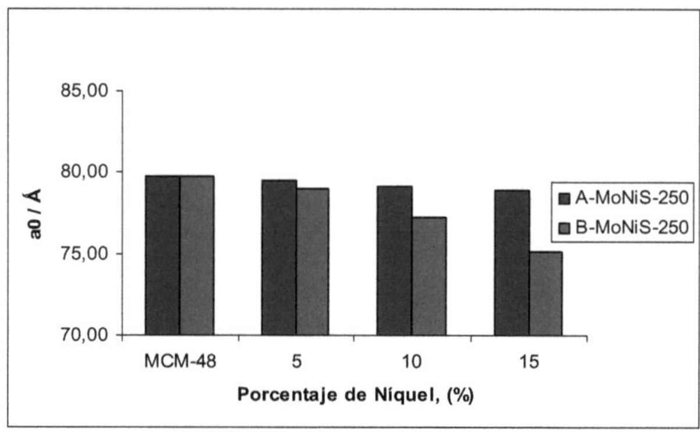

Figura 17. Parámetro de celda a0 vs. Relación atómica de Ni/Mo sólidos A-MoNiS-250 y B-MoNiS-250 (5, 10 y 15 % Ni).

Para cuantificar la pérdida de la intensidad (cuentas) del pico 211 se calculó la relación de éste en los sólidos modificados respecto al sólido de partida, de la siguiente manera:

$$Intensidad\ Re\ manente\ del\ pico\ 211 = \frac{Intesidad\ del\ pico\ 221,\ u.\ a.(sólidos\ impregnados)}{Intesidad\ del\ pico\ 221,\ u.\ a.(MCM-48\ de\ partida)} \quad (10)$$

Ésta intensidad remanente se graficó como una función de la temperatura de impregnación de cada catalizador (Figura 18 y 19). Del mismo modo se realizó la gráfica (Figura 20) en función de la relación de níquel incorporado a los mesoporosos A-MoNiS-250 y B-MoNiS-250 (5, 10 y 15 % Ni).

La intensidad del pico 211 decrece al aumentar la temperatura de impregnación debido a: 1. La aparición de defectos en el sistema de poros, como consecuencia del tratamiento, a que fue sometido el soporte mesoporoso, para la incorporación de la fase metálica, observandose ensanchamiento de la linea base ocasionado probablemente por material amorfo. 2. El factor de dilución de los catalizadores en estudio, el cual fue de 15 %, respecto al los reactivos puros $(Mo(CO)_6$ y $(NH4)_6Mo_7O_{24})$.

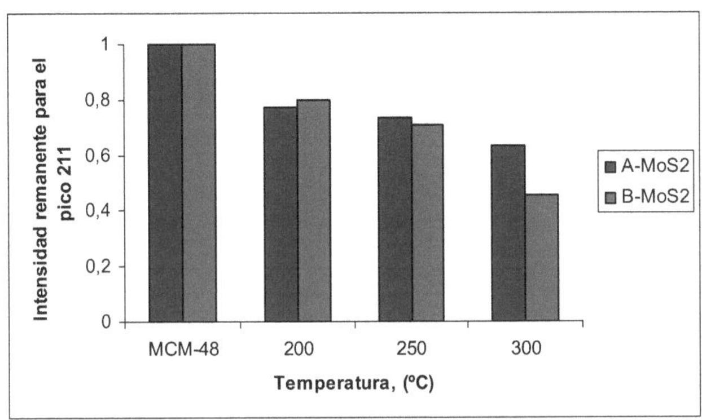

Figura 18. Intensidad remanente del pico 211 vs. Temperatura de los catalizadores $A-MoS_2$ y $B-MoS_2$.

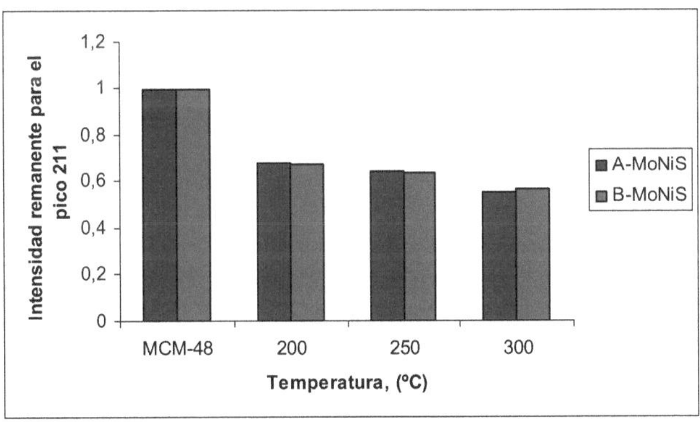

Figura 19. Intensidad remanente del pico 211 vs. Temperatura de los catalizadores A-MoNiS y B-MoNiS.

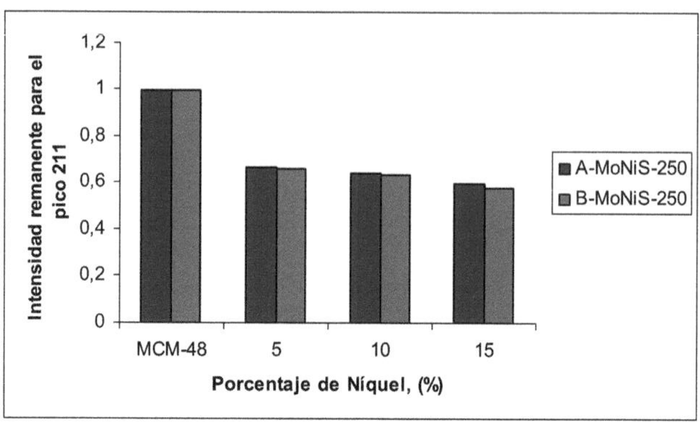

Figura 20. Intensidad remanente del pico 211 vs. Relación atómica de Ni/Mo sólidos A-MoNiS-250 y B-MoNiS-250 (5, 10 y 15 % Ni).

3.1.2. DRX a ángulos convencionales:

La Figura 21 muestra las gráficas de los patrones de difracción de rayos X a ángulos convencionales de las muestras mesoporosas impregnadas, de ellas podemos notar que los catalizadores con 15 % de molibdeno (A-MoS$_2$ y B-MoS$_2$) solo presentan un pico ancho atribuido al SiO$_2$ amorfo en el rango de 2θ= 20-30° según la ficha cristalográfica JCPDS 82-1557.

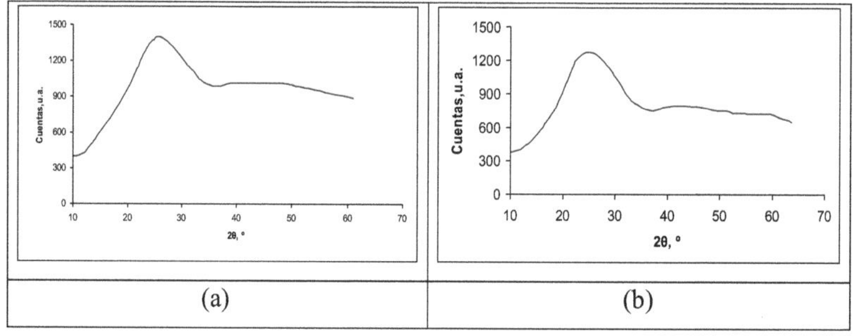

| (a) | (b) |

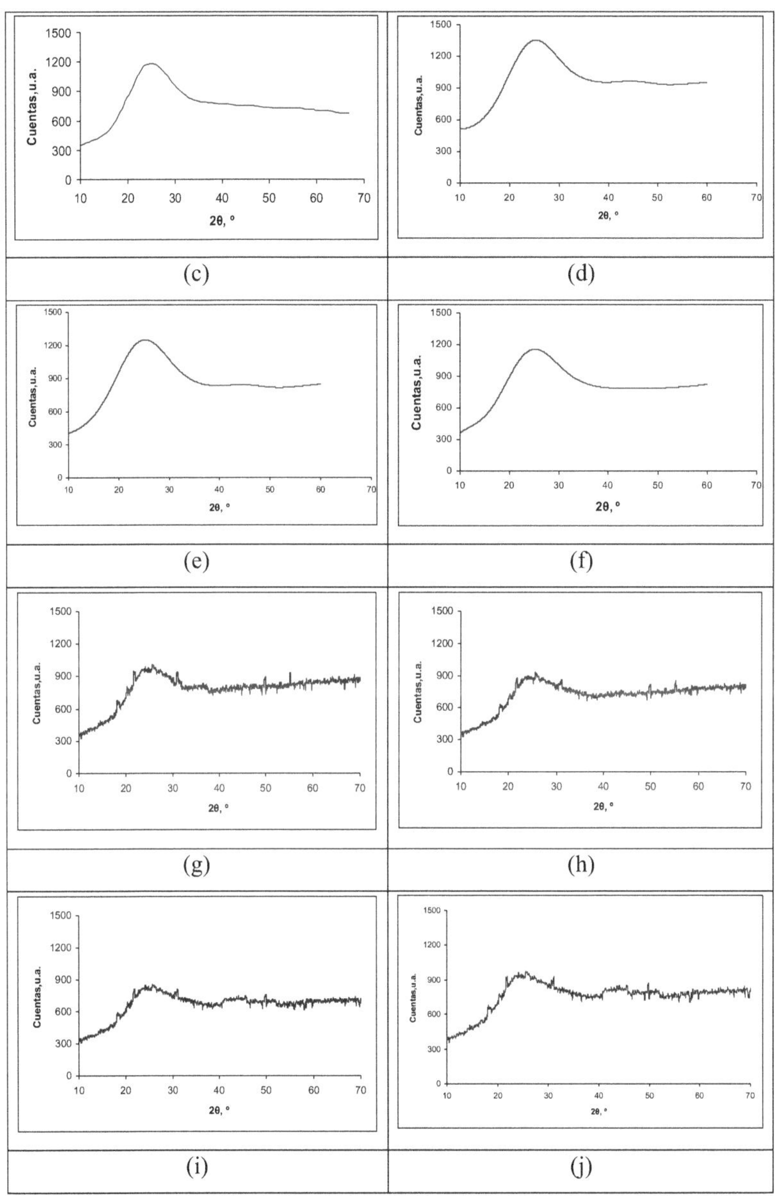

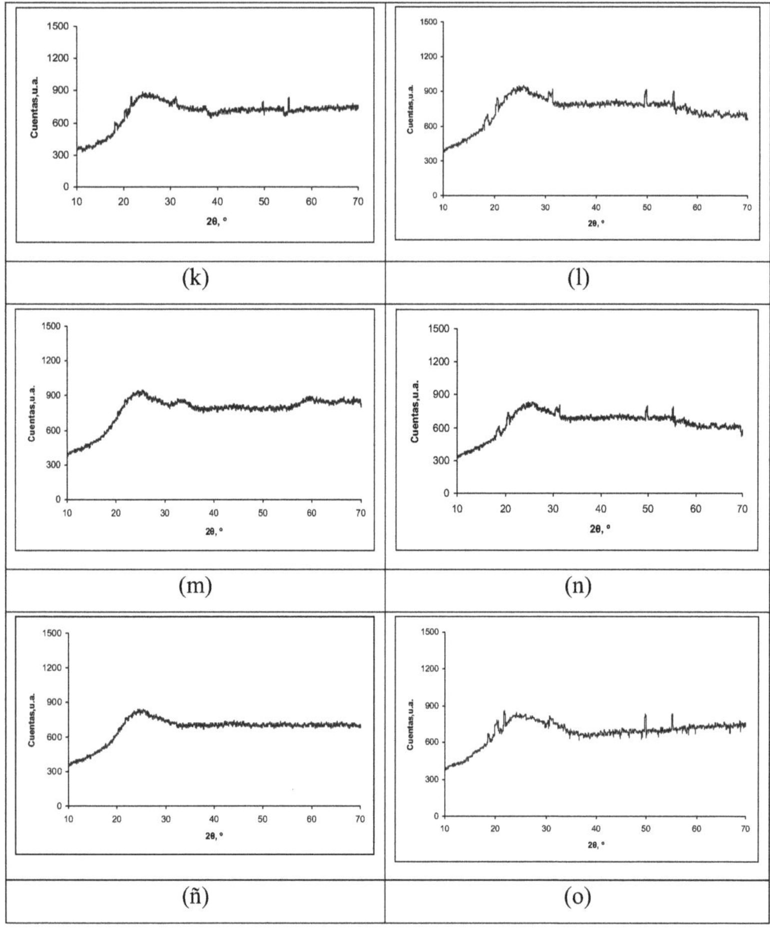

Figura 21. Patrones de DRX a ángulos convencionales a) A-MoS$_2$-200; (b) A-MoS$_2$-250; (c) A-MoS$_2$-300; (d) B-MoS$_2$-200; (e); B-MoS$_2$-250; (f) B-MoS$_2$-300; (g) A-MoNiS-200; (h) A-MoNiS-250; (i) A-MoNiS-300; (j) B-MoNiS-200; (k) B-MoNiS-250; (l) B-MoNiS-300; (m) A-MoNiS-250-5; (n) A-MoNiS-250-15; (ñ) B-MoNiS-250-5; (o) B-MoNiS-250-15.

La ausencia de señales de MoS_2 y $MoNiS_2$ independientemente de la cantidad agregada de níquel en el rango de 5-15 % en masa indica que sus dominios cristalinos siguen por debajo del nivel de detección de la técnica, como se evidencia en los difractogramas de los catalizadores (Figura 21), atribuido a la presencia de dominios cristalinos de tamaño nanométrico, lo cual nos puede indicar una buena dispersión de la fase metálica Mo-S y Ni-Mo-S, esto corresponde con los resultados reportados en la literatura [cxlvii], al respecto se concluye que la presencia de níquel puede actuar como inhibidor en sistemas con sulfuros de molibdeno. Indudablemente, esta distribución de la fase activa no depende de la temperatura de sulfuración en el rango de 200-300 °C, ya que los patrones de difracción de las muestras a distintas temperaturas son análogos (Figura 21 a-f).

Al comprar los difractogramas de los catalizadores de las series A-MoNiS y B-MoNiS (200, 250, 300, 250-15) con las fichas 00-044-1418 y 01-079-0105 de la base de datos PDF2-2004 de la ICDD se logró identificar picos característicos a una mezcla de fases constituidas por Ni_3S_2 y $NiSO_4(H_2O)_6$, (31,1° y 20,3°) respectivamente, obteniéndose las mismas fases cristalinas independiente del tipo de precursor de molibdeno. Caso contrario ocurrió para los sólidos A-MoNiS-250-5 y B-MoNiS-250-5 con 5 % de níquel donde no se observaron picos característicos de estas fases, atribuido al hecho de que este metal se encuentra en menor proporción. Por consiguiente, a medida que se introduce mayor cantidad del metal las reflexiones de las fases cristalinas del níquel aumentan su intensidad.

En la Figura 21 puede verse que los picos de difracción de las especies a menor temperatura A-MoNiS y B-MoNiS a 200 y 250 °C, son menos intensos y ligeramente más anchos respecto a los sólidos A-MoNiS-300 y B-MoNiS-300, lo cual está asociado con su cristalinidad y tamaño de partícula como se demuestra en las Tablas 8 y 9. Para ambas series de catalizadores se observó una estructura pobremente cristalina atribuida generalmente a las condiciones de descomposición y el agente reductor utilizado en el método de activación [cxlviii]. Hagenbach *et. al.,* [cxlix], Candia *et. al.,* [cl], Zdrazil [cli], señalan que las propiedades de los materiales sintetizados utilizando este tipo de métodos dependen en gran medida de la atmósfera y las condiciones de temperatura. Por tal razón, la estructura escasamente cristalina se forma debido a la velocidad de descomposición y al agente reductor (H_2S/H_2) empleado, que produce que la estructura colapse y generen poros desordenados en el material. La presencia de la fase de sulfuro de níquel Ni_3S_2 tiene un efecto de sinergia con el molibdeno, pero la segregación de las fases de níquel podría provocar la disminución de este efecto sinergético al "bloquearse" la interacción entre las fases de Ni y de MoS_2 no detectados por la técnica (DRX) [clii].

Utilizando la ecuación de Scherrer [cliii] (ecuación 11), que relaciona el diámetro de partícula (d) con el ancho del pico a media altura (β) y empleando K = 0,9, se calculó el diámetro de partícula de las fases activas $NiSO_4(H_2O)_6$ (Tabla 4) y de la fase Ni_3S_2 (Tabla 8) en los catalizadores impregnados, para 2θ ~ 20,3° y 31,1°, respectivamente. En general, los valores que se obtienen, mediante este método, corresponden a las partículas más grandes presentes en la muestra [cliv, clv].

$$d_{MoS2} = \frac{K\lambda}{\beta \cos\theta} \qquad (11)$$

$\beta = \beta_0 - \beta_i$, como $\beta_0 \gg \beta_i$ entonces $\beta = \beta_0$

β_0: el ancho a media altura (obtenido en el difractograma).

β_i: la contribución del equipo en el ancho de pico.

β: ancho de pico a media altura en radianes.

En las Tablas 8 y 9, se aprecian que los tamaños de los dominios cristalinos para la fase de Ni_3S_2 son más pequeños que para la fase $NiSO_4(H_2O)_6$.

Para ambas fases a mayor cantidad de níquel incorporado, mayor es el tamaño promedio de cristal. Asimismo, la intensidad de la señal es representativa de la dirección de apilamiento en este tipo de materiales [cxlviii].

Tabla 8. Tamaño promedio de cristal de la fase NiSO4(H2O)6 para los catalizadores promovidos.

Catalizador	*Pico (2θ)*	*Ancho a media altura (rad)*	*Tamaño promedio (nm)*
A-MoNiS-200	20,36	0,0122	0,68
A-MoNiS-250	20,36	0,0101	0,83
A-MoNiS-300	20,35	0,0091	1,07
B-MoNiS-200	20,36	0,0124	0,67
B-MoNiS-250	20,36	0,0108	0,77
B-MoNiS-300	20,36	0,0038	2,18
A-MoNiS-250-5	-	-	-
A-MoNiS-250-15	20,37	0,0031	2,22
B-MoNiS-250-5	-	-	-
B-MoNiS-250-15	20,36	0,0056	1,50

Tabla 9. Tamaño promedio de cristal de fase Ni_3S_2.

Catalizador	Pico (2θ)	Ancho a media altura (rad)	Tamaño promedio (nm)
A-MoNiS-200	31,16	0,0080	16,71
A-MoNiS-250	31,10	0,0059	15,10
A-MoNiS-300	31,14	0,0108	15,29
B-MoNiS-200	31,16	0,0105	12,81
B-MoNiS-250	31,14	0,0080	16,62
B-MoNiS-300	31,12	0,0070	19,00
A-MoNiS-250-5	-	-	-
A-MoNiS-250-15	31,15	0,0073	21,29
B-MoNiS-250-5	-	-	-
B-MoNiS-250-15	31,11	0,0070	18,94

Por otro lado, al estudiar el efecto de la temperatura de trabajo se observó que para el catalizador A-MoNiS-250 el tamaño de partícula promedio de ambas fases disminuyó respecto a los catalizadores A-MoNiS-200 y A-MoNiS-300. En cuanto a los solidos B-MoNiS (200, 250 y 300) vemos que a mayor temperatura mayor es el tamano promedio del cristal. Cabe destacar que la temperatura de reaccion, es una variable importante que influye en los procesos de hidrodesulfuración, debido a que su aumento favorece la reacción, sin embargo esta no debe ser excesiva, se debe trabajar con la mínima temperatura en la cual se alcance las especificaciones de los productos; las temperaturas altas producen una desactivación catalítica acelerada además de influir en la limitación termodinámica para la HDS, en los alquil-DBT por el mecanismo de hidrogenación [clvi].

3.2. *Fisisorción de N_2 a 77 K*

La Figura 22 presenta las isotermas de adsorción-desorción de nitrógeno medidas a 77 K, de los sólidos mesoporosos tipo MCM-48 estudiados:

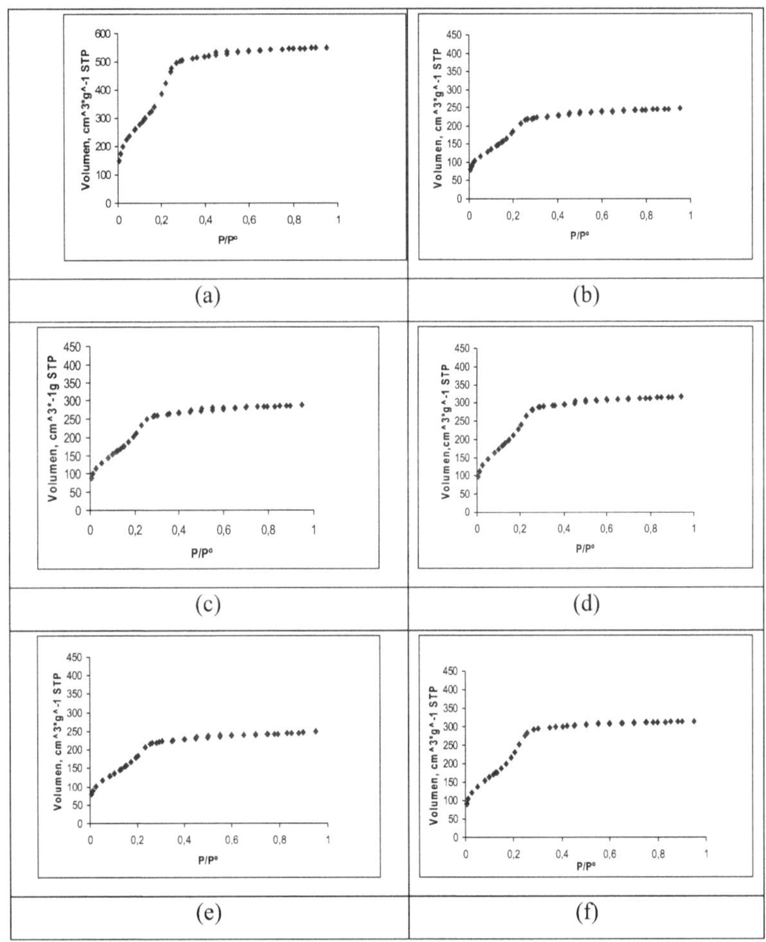

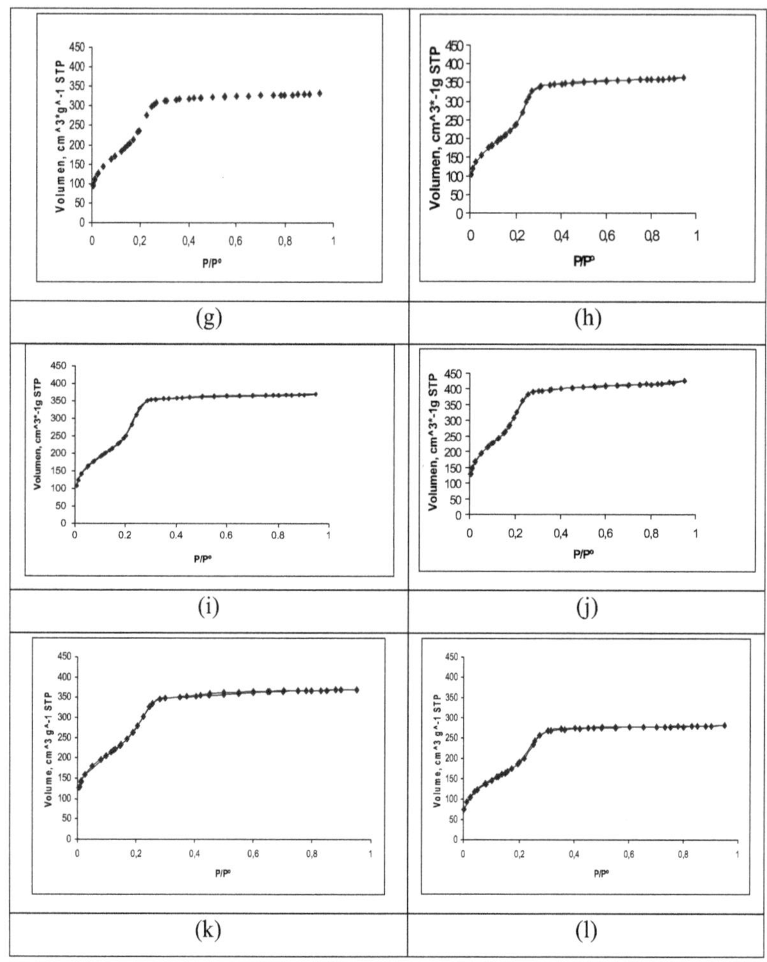

(g)

(h)

(i)

(j)

(k)

(l)

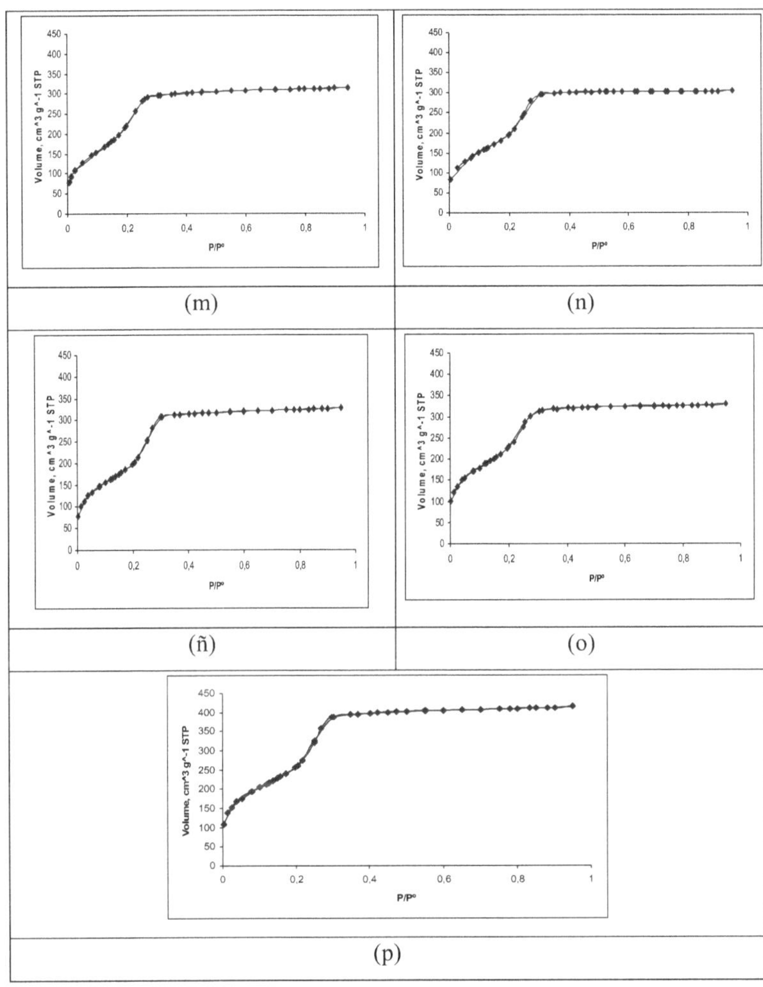

Figura 22. Isotermas de adsorción-desorción (Ads-Des) de N_2 a 77 K de:, (a) MCM-48; (b) A-MoS$_2$-200 ; (c) A-MoS$_2$-250; (d) A-MoS$_2$-300; (e) B-MoS$_2$-200; (f); B-MoS$_2$-250; (g) B-MoS$_2$-300; (h) A-MoNiS-200; (i) A-MoNiS-250; (j) A-MoNiS-300; (k) B-MoNiS-200; (l) B-MoNiS-250; (m) B-MoNiS-300;

(n) A-MoNiS-250-5; (ñ) A-MoNiS-250-15; (o) B-MoNiS-250-5; (p) B-MoNiS-250-15.

En la Figura 22 se puede ver que las muestras exhiben isotermas de adsorción reversibles de tipo IV, equivalente a las isotermas reportadas en la literatura para materiales mesoporosos [clvii, clviii]. Además esta resultó ser empinada a presiones relativas (P/P_o) entre 0,2-0,3; atribuidas a la condensación capilar del nitrógeno dentro de los mesoporos uniformes [clix]. Los valores texturales (área superficial, volumen de poro y diámetro de poro) de los catalizadores sintetizados se muestran en las Tablas 10, 11 y 12. No se observa la formación de histéresis, debido a que el material presenta poros cilíndricos abiertos por ambos lados. Para los catalizadores mostrados en las Tablas 10 y 11, se observa que los valores de área superficial disminuyen conforme incrementa la temperatura de impregnación como consecuencia de la incorporación de las fases activas (aumento de la masa por cada metro cuadrado) a lo largo de la superficie de los catalizadores y el factor de dilución que producen un cambio en la textura del material mesoporoso, como era de esperarse. Adicionalmente este comportamiento puede deberse a la posible oclusión parcial o completa de los metales en los poros, ya que se observa una menor condensación capilar, así como también al colapso parcial de la estructura porosa. Mas sin embargo, las isotermas de adsorción-desorción (Figura 22) de todos los catalizadores soportados no varían notablemente, lo que sugiere que la estructura del soporte aún permanece intacta después de la adición del Mo-S y Ni-Mo-S, lo que indica la estabilidad de la estructura mesoporosa de los sólidos. Al variar el contenido de níquel en los sólidos vemos un aumento del espesor de la pared que da como resultado la disminución de los valores texturales de los catalizadores A-MoNiS-250 (5, 10 y 15 % Ni) a medida que se incorpora mas cantidad del metal.

Al comparar los métodos de sintesis se observan valores muy similares en el area superficial de los catalizadores estudiados, lo cual es caracteristico de catalizadores sintetizados de manera in situ [clx] y ex situ [clxi], observados en catalizadores de sulfuro de molibdeno sintetizados a condiciones hidrotérmicas. En estos procesos el vapor de agua ejerce una presión que se opone a la salida de los gases producidos durante la descomposición de los precursores catalíticos, provocando la disperción de la fase activa sobre la estructura porosa con una gran área superficial expuesta, por lo que se esperaría un gran incremento en la actividad catalítica como consecuencia de un mayor número de sitios activos expuestos por el área superficial específica.

Tabla 10. Valores texturales de los catalizadores A-MoS$_2$ y B-MoS$_2$.

Catalizador	Área superficial*, m²/g	Volumen de poro**, cm³/g	Diámetro de poro**, nm	Espesor de la película / nm
MCM-48	1067	0,78	2,96	0
A-MoS$_2$-200	799	0,59	1,95	0,99
A-MoS$_2$-250	758	0,51	1,71	1,24
A-MoS$_2$-300	711	0,49	1,61	1,32
B-MoS$_2$-200	846	0,58	1,61	1,33
B-MoS$_2$-250	837	0,63	1,65	1,22
B-MoS$_2$-300	823	0,52	2,06	0,80

* Calculada por el modelo BET

** Calculados por el modelo BJH

Tabla 11. Valores texturales de los catalizadores A-MoNiS y B-MoNiS.

Catalizador	Área superficial	Volumen de poro**,	Diámetro de poro**, nm	Espesor de la película /

	$*$, m^2/g	cm^3/g		nm
MCM-48	1067	0,78	2,96	0
A-MoNiS-200	616	0,42	1,94	1,00
A-MoNiS-250	601	0,39	1,77	1,15
A-MoNiS-300	560	0,41	1,59	1,33
B-MoNiS-200	612	0,38	1,63	1,30
B-MoNiS-250	597	0,40	1,60	1,23
B-MoNiS-300	568	0,40	1,54	1,29

* Calculada por el modelo BET

** Calculados por el modelo BJH

Tabla 12. Valores texturales de los catalizadores A-MoNiS y B-MoNiS con variación del contenido de níquel.

Catalizador	*Área superficial* *$*$, m^2/g*	*Volumen de poro**, cm^3/g*	*Diámetro de poro**, nm*	*Espesor de la película / nm*
A-MoNiS-250-5	623	0,46	1,85	1,09
A-MoNiS-250	601	0,39	1,77	1,15
A-MoNiS-250-15	532	0,38	1,63	1,28
B-MoNiS-250-5	619	0,43	1,71	1,21
B-MoNiS-250	597	0,40	1,60	1,23
B-MoNiS-250-15	526	0,36	1,57	1,16

* Calculada por el modelo BET

** Calculados por el modelo BJH

En línea general el espesor de la capa de la fase metálica promedio en el interior de los poros para los sólidos A-MoS$_2$ y B-MoS$_2$ esta a un rango de 0,8 a 1,33 nm, un poco menor respecto al rango de los catalizadores del tipo A-MoNiS y B-MoNiS, ubicado entre 1,01 y 1,39 nm, como era de esperarse por la adición de níquel.

En la Tabla 12 se presentan el área superficial BET, el volumen de poro y el diámetro de poro, obtenidos para los catalizadores correspondientes notándose una disminución de estos parámetros con un aumento de la relación atómica Ni/Mo como consecuencia de la ocupación de los mesoporos a través de la interacción de las fases metálicas con los grupos Si-OH en el MCM-48.

El porcentaje de pérdida de área superficial, volumen de poro, y el diámetro de poro con respecto al soporte de partida, para los catalizadores sin níquel (A-MoS$_2$ y B-MoS$_2$), presenta valores promedios de 25 %, asimismo para los catalizadores A-MoNiS y B-MoNiS-250 el valor se ubica en 45 %.

Del mismo modo se graficó para los catalizadores A-MoNiS-250 y B-MoNiS-250 (5, 10 y 15 % Ni). Este comportamiento se demuestra en las gráficas de las Figuras 23 a 28, para ello se calcularon los porcentajes remanentes de área superficial, volumen y diámetro de poro de los sólidos impregnados en función de los valores del material de partida.

Como se observa en los valores anteriores los catalizadores cambian en su área superficial en una cantidad muy similar. Esta tendencia está relacionada con un efecto bien conocido de sinterización provocado por las condiciones de temperatura y presión en las que se lleva a cabo la formación del catalizador, a mayor temperatura mayor es perdida de las propiedades texturales.

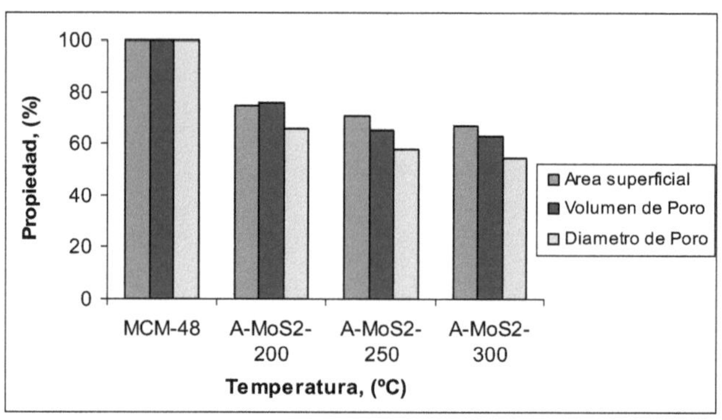

Figura 23. Área superficial, volumen de poro y diámetro de poro remanente (%) de los sólidos A-MoS$_2$, respecto al sólido MCM-48.

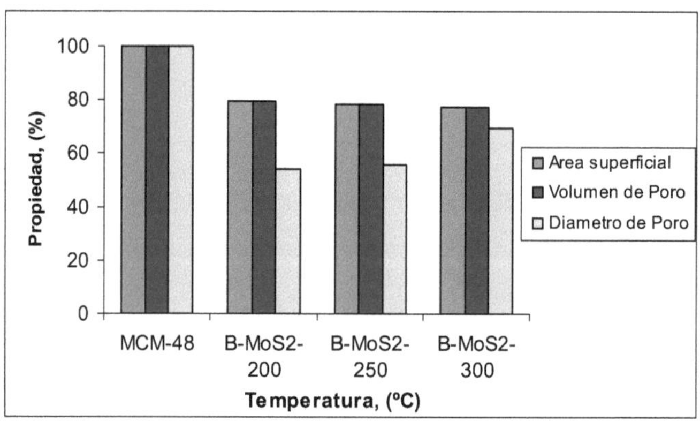

Figura 24. Área superficial, volumen de poro y diámetro de poro remanente (%) de los sólidos B-MoS$_2$, respecto al sólido MCM-48.

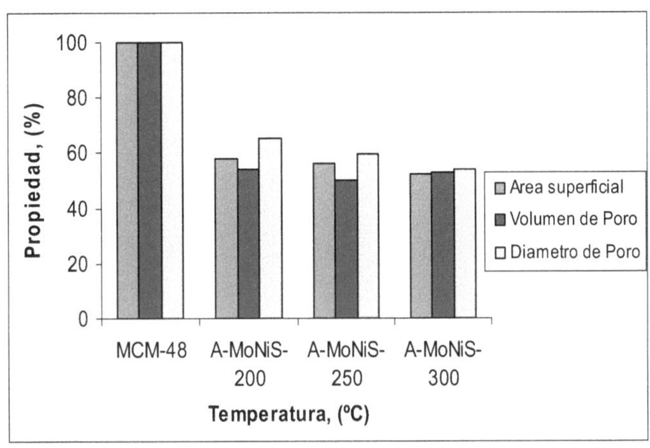

Figura 25. Área superficial, volumen de poro y diámetro de poro remanente (%) de los sólidos A-MoNiS, respecto al sólido MCM-48.

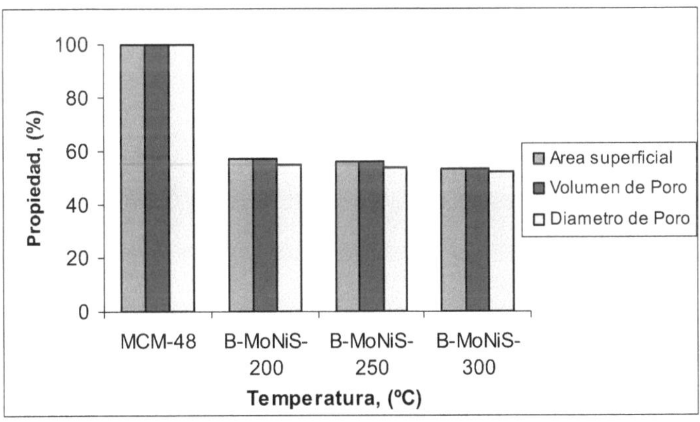

Figura 26. Área superficial, volumen de poro y diámetro de poro remanente (%) de los sólidos B-MoNiS, respecto al sólido MCM-48.

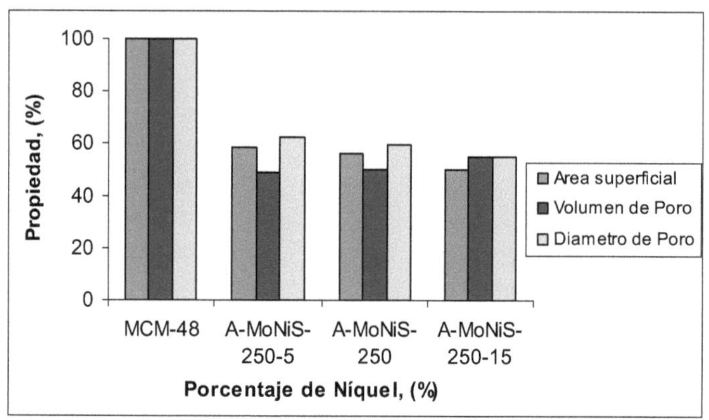

Figura 27. Área superficial, volumen de poro y diámetro de poro remanente (%) de los sólidos A-MoNiS-250 (5, 10 y 15 % Ni), respecto al sólido MCM-48.

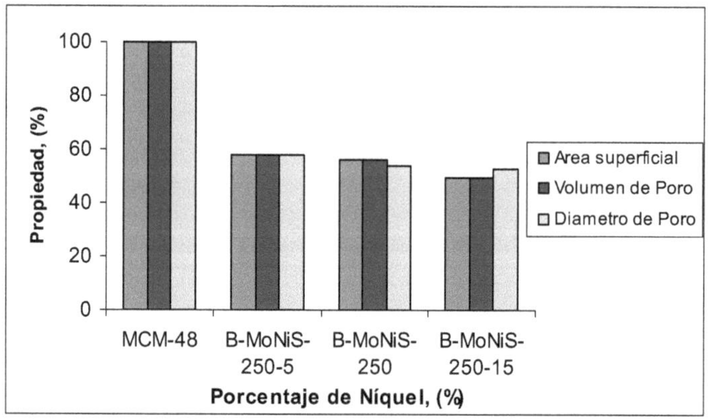

Figura 28. Área superficial, volumen de poro y diámetro de poro remanente (%) de los sólidos B-MoNiS-250 (5, 10 y 15 % Ni), respecto al sólido MCM-48.

3.3. Cálculos del espesor de la pared del material mesoporoso

Debido a que la celda unidad del material mesoporoso MCM-48 es cúbica, el parámetro de celda a_0 viene dado por:

$$a_0 = 2(D+t) \quad (12)$$

Donde, D es el diámetro de poro y t es el espesor de la pared.

Combinando los valores de a_0 y D obtenidos por DRX y absorción de N_2 respectivamente, se puede calcular el valor del espesor de la pared t. El valor del espesor de la pared para el sólido MCM-48 de partida es 1,03 nm, el mismo aumenta para todas las series de los sólidos impregnados, lo cual indica que los cambios observados en los valores de diámetro de poro se deben a la inclusión de moléculas de las fases metálicas en el interior del sistema de canales de la MCM-48 de partida, ocasionando una disminución del diámetro de poro y un aumento en el espesor de la pared. Por consiguiente, el espesor de la película pudo ser calculado usando la formula $\Delta w = w_i - w_0$ donde $w_0 = 1,03$ nm y $w_i =$ espesor de la pared de cada uno de los catalizadores (nm).

En las Tablas 13 y 14 se observa un incremento de pared respecto al mesoporoso de partida; debido a la inserción de aproximadamente 1,18 nm, 1,12 nm, 1,16 nm y 1,27 nm de la fase activa para la serie A-MoS$_2$, B-MoS$_2$, A-MoNiS, B-MoNiS, respectivamente producto de la impregnación. En el mismo orden de ideas la Tabla 15 muestra una disminución de pared atribuido como consecuencia de la disminución de la relación atómica de Ni/Mo. Esta variación se puede atribuir a la dispersión y al tamaño de las partículas metálicas durante la incorporación de las fases activas, es decir, al no ser homogéneas las partículas de menor tamaño tienden a estar dispersas, y las de tamaño superior al calentarse tienden a aglomerarse formando cristales de diferentes tamaños a lo largo del material, esto es favorable para mejorar la estabilidad térmica del catalizador.

Tabla 13. Espesor de pared para los catalizadores A-MoS$_2$ y B-MoS$_2$.

Muestra	a_0 / nm	Diámetro de poro / nm	Espesor de la pared / nm	Espesor de la película / nm
MCM-48	7,977	2,9600	1,03	-
A-MoS$_2$-200	7,938	1,9460	2,02	0,99
A-MoS$_2$-250	7,950	1,7066	2,27	1,24
A-MoS$_2$-300	7,932	1,6132	2,35	1,32
B-MoS$_2$-200	7,947	1,6102	2,36	1,33
B-MoS$_2$-250	7,800	1,6546	2,25	1,22
B-MoS$_2$-300	7,771	2,0580	1,83	0,80

Tabla 14. Espesor de pared para los catalizadores A-MoNiS y B-MoNiS.

Muestra	a_0 / nm	Diámetro de poro / nm	Espesor de la pared / nm	Espesor de la película / nm
MCM-48	7,977	2,9600	1,03	-
A-MoNiS-200	7,923	1,9350	2,03	1,00
A-MoNiS-250	7,914	1,7740	2,18	1,15
A-MoNiS-300	7,890	1,5896	2,36	1,33
B-MoNiS-200	7,917	1,6300	2,33	1,30
B-MoNiS-250	7,728	1,6000	2,26	1,23
B-MoNiS-300	7,717	1,5400	2,32	1,29

Tabla 15. Espesor de pared para los catalizadores A-MoNiS y B-MoNiS. con variación del contenido de níquel.

Muestra	a_0 / nm	Diámetro de poro / nm	Espesor de la pared / nm	Espesor de la película / nm
MCM-48	7,977	2,9600	1,03	-
A-MoNiS-250-5	7,947	1,8520	2,12	1,09
A-MoNiS-250	7,914	1,7740	2,18	1,15
A-MoNiS-250-15	7,887	1,6300	2,31	1,28
B-MoNiS-250-5	7,902	1,7100	2,24	1,21
B-MoNiS-250	7,728	1,6000	2,26	1,23
B-MoNiS-250-15	7,513	1,5700	2,19	1,16

3.4.Microscopía electrónica de transmisión (MET)

Los resultados obtenidos por microscopía electrónica de transmisión de los sólidos mesoporosos tipo MCM-48 impregnados se presentan en la Figura 29 y 30:

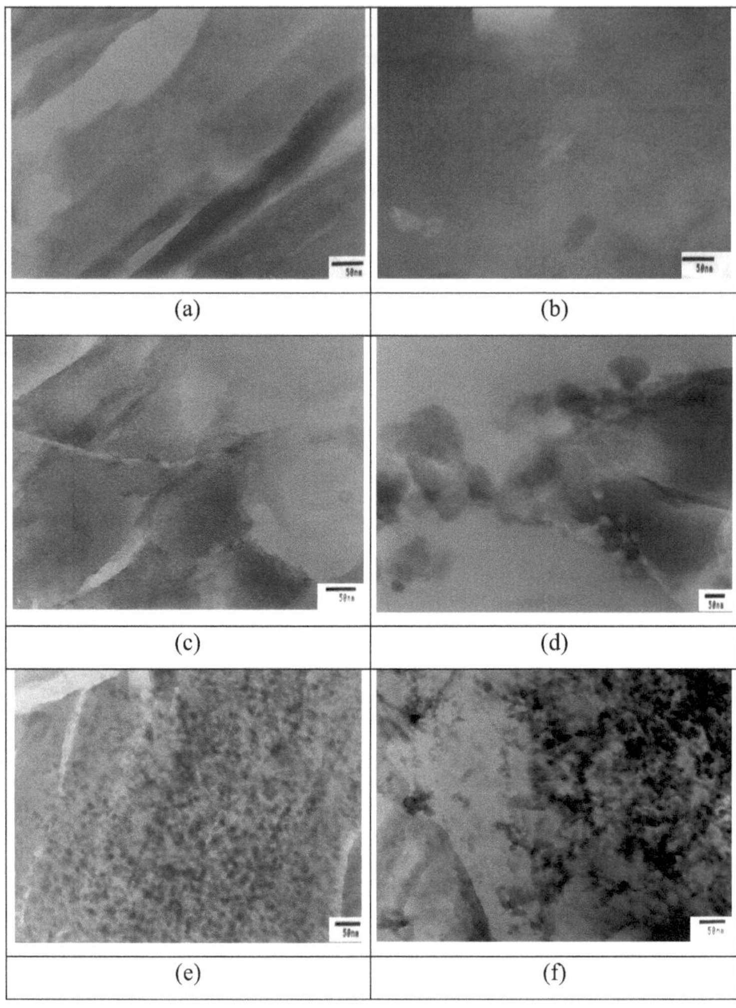

Figura 29. Micrografías electrónicas de transmisión de los sólidos: (a) A-MoS$_2$-200; (b) A-MoS$_2$-250; (c) A-MoS$_2$-300; (d) B-MoS$_2$-200; (e); B-MoS$_2$-250; (f) B-MoS$_2$-300.

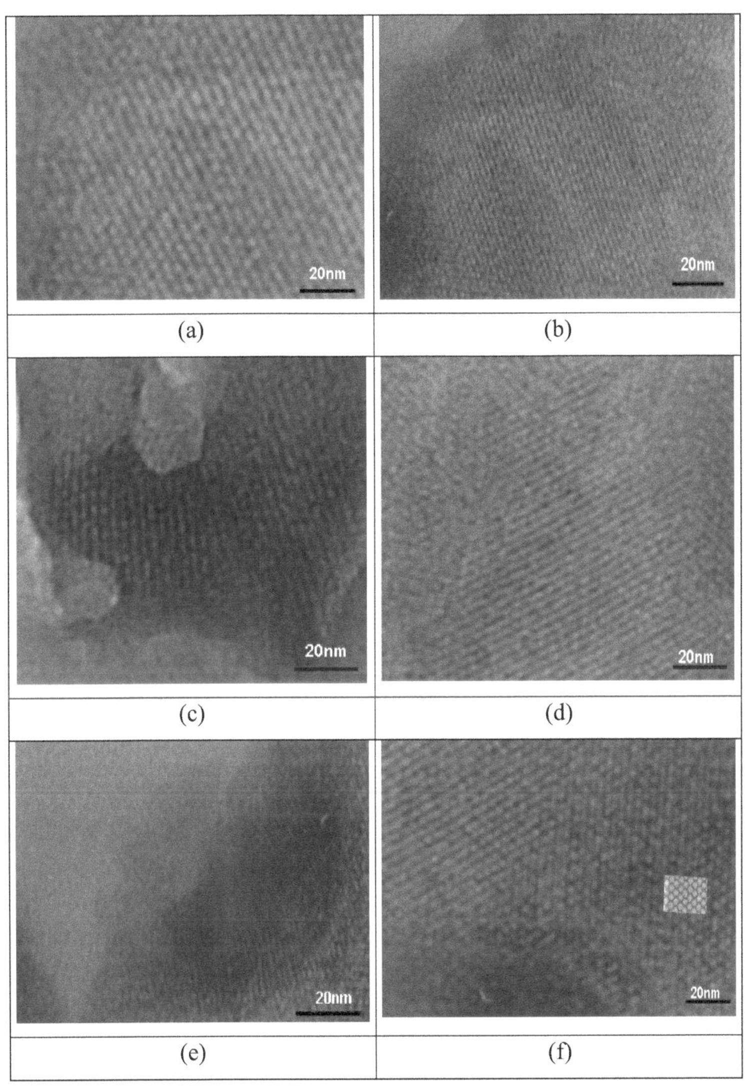
20nm
20nm
20nm
20nm
20nm
20nm
(a)
(b)
(c)
(d)
(e)
(f)

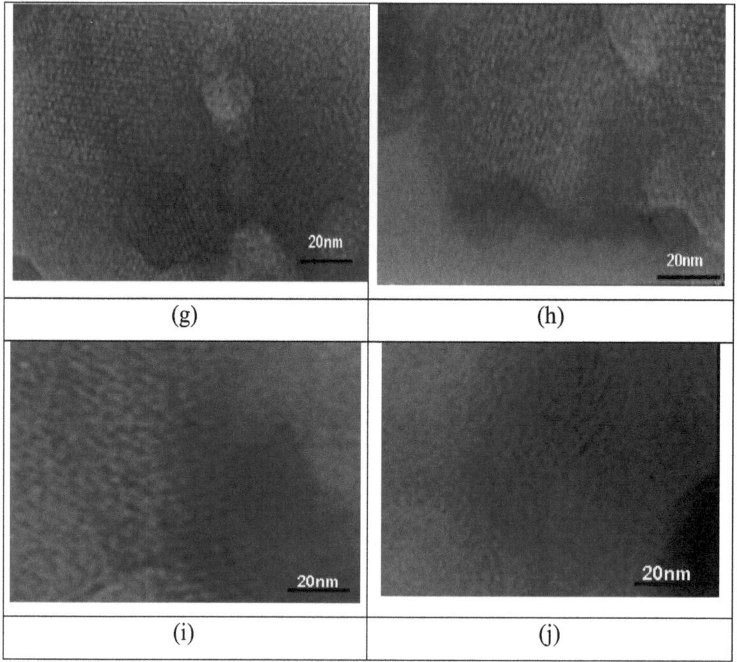

Figura 30. Micrografías electrónicas de transmisión de los sólidos: (a) A-MoNiS-200; (b) A-MoNiS-250; (c) A-MoNiS-300; (d) B-MoNiS-200; (e) B-MoNiS-250; (f) B-MoNiS-300; (g) A-MoNiS-250-5; (h) A-MoNiS-250-15;(i) B-MoNiS-250-5; (j) B-MoNiS-250-15.

Al analizar las imágenes MET de alta resolución (Figura 29 y 30) para evaluar la morfología del soporte, vemos que los sólidos presentan un arreglo bien ordenado como se esperaba para sólidos mesoporosos MCM-48 impregnados. Además se observa regularidad de la estructura mesoporosa. Este arreglo indica la periodicidad de los poros, que concuerda con los análisis mediante DRX. Las manchas oscuras que se observan a lo largo de las muestras sugieren la presencia de nanopartículas de fases metálicas, en el interior de los canales del soporte, ademas se puede apreciar una heterogeneidad en el tamaño de la fase activas

116

presentes, debido al tipo de soporte empleado.

En las micrografías de microscopía electrónica de transmisión (MET) (Figura 29 y 30) reportados para todos los catalizadores obtenidos muestran morfologías que representan de estrías en forma de valles ubicadas en cúmulos laminares típicas del sulfuro de molibdeno [cl, clxii], indicando con ello la posibilidad de obtener como resultado una buena actividad catalítica [clxiii].

La Tabla 16 muestra el tamaño promedio de la partícula metálica de los sólidos en estudio. En línea general, la distribución de los tamaños se encuentran entre 1 y 3 nm para todas las series sólidos estudiados, con un tamaño de partícula promedio para los catalizadores A-MoS$_2$ y B-MoS$_2$ cercano a 1,2 ± 0,1 nm y de 1,25 ± 0,1 nm para los catalizadores A-MoNiS y B-MoNiS. En los sólidos A-MoNiS-250 y B-MoNiS-250 con relación atómica de Ni/Mo (5, 10 y 15 % Ni) el tamaño de partícula promedio esta alrededor de 1,23 ± 0,1 nm. Aunque por otro lado existen cristales con tamaños elevados (~10 nm) ubicados en la superficie del soporte, pero los mismos son escasos. De la distribución de tamaño de la fase de sulfuro de molibdeno presente en los catalizadores A-MoS$_2$ y B-MoS$_2$ podemos concluir que existe una mayor dispersión sobre el área superficial en los canales del soporte (MCM-48), lo que concuerda con lo reportado en la bibliografía [clxiv].

Tabla 16. Tamaño promedio de la partícula metálica de los sólidos impregnados.

Catalizador	Tamaño partícula (nm)	N° de Partículas
A-MoS$_2$-200	1,2 ± 0,1 nm	80
A-MoS$_2$-250	1,2 ± 0,1 nm	80

A-MoS₂-300	1,3 ± 0,1 nm	70
B-MoS₂-200	1,1 ± 0,1 nm	75
B-MoS₂-250	1,2 ± 0,1 nm	75
B-MoS₂-300	1,2 ± 0,1 nm	75
A- MoNiS-200	1,3 ± 0,1 nm	75
A- MoNiS-250	1,2 ± 0,1 nm	75
A- MoNiS-300	1,3 ± 0,1 nm	75
B- MoNiS-200	1,2 ± 0,1 nm	75
B- MoNiS-250	1,2 ± 0,1 nm	75
B- MoNiS-300	1,3 ± 0,1 nm	75
A- MoNiS-250-5	1,1 ± 0,1 nm	75
A- MoNiS-250-15	1,4 ± 0,1 nm	75
A- MoNiS-250-5	1,0 ± 0,1 nm	75
A- MoNiS-250-15	1,5 ± 0,1 nm	75

3.5. *Microscopía electrónica de barrido (MEB)*

En las Figuras 31 y 32 se presentan las micrografías del sólidos mesoporosos MCM-48 y de los catalizadores estudiados.

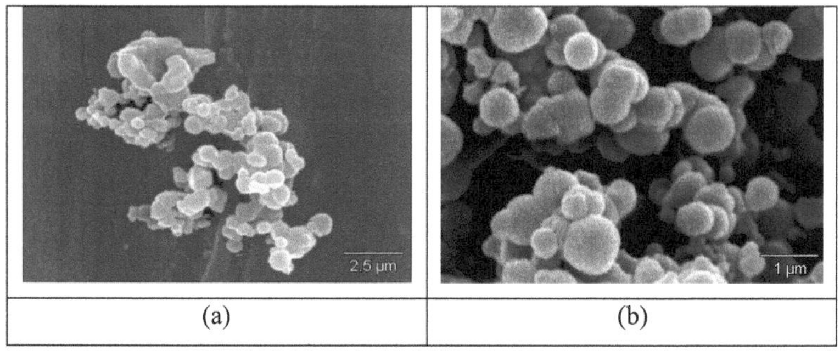

(a)	(b)

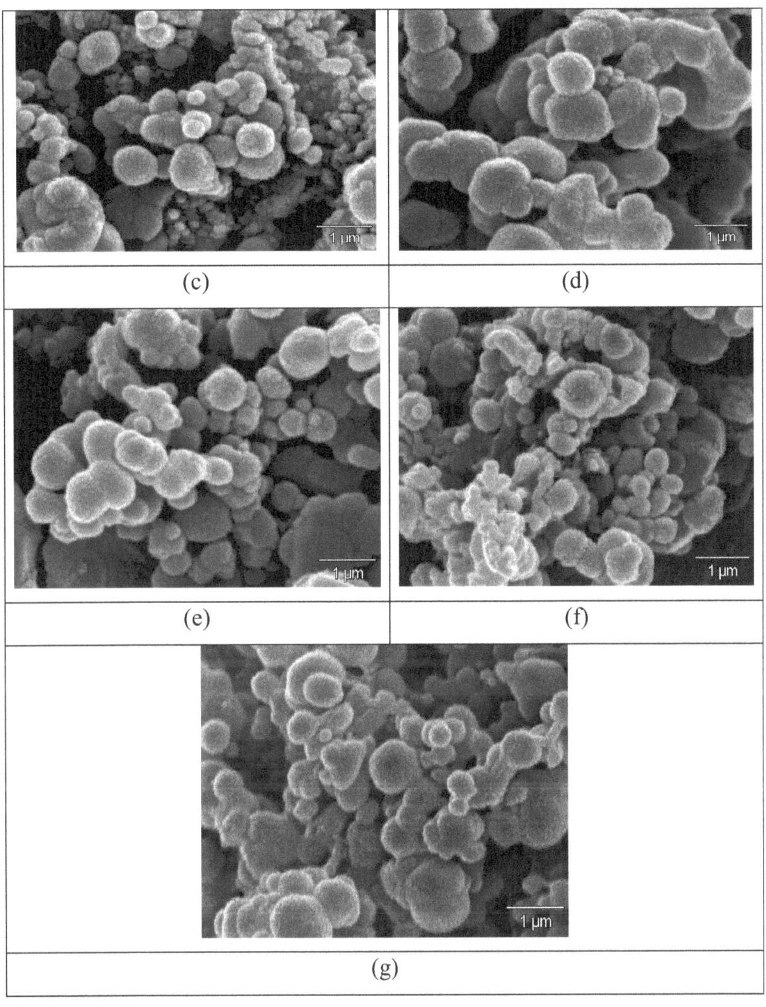

Figura 31. Micrografías electrónicas de barrido de los sólidos: (a) MCM-48; (b) A-MoS$_2$-200; (c) A-MoS$_2$-250; (d) A-MoS$_2$-300; (e) B-MoS$_2$-200; (f); B-MoS$_2$-250; (g) B-MoS$_2$-300.

La Figura 31 a muestra el sólido mesoporoso de partida (MCM-48 0 % fases activas) con una morfología predominantemente esférica, con tamaños por debajo de los 2,5 μm, aunque también se observan partículas hexagonales o de forma irregular. Al comparar las micrografías de los sólidos modificados (Figura 31 b-g), con la del material mesoporoso de partida, se puede ver que la morfología es muy similar y no varia notablemente al aumentar la temperatura de impregnación, representando otro indicio de que la fase metálica, efectivamente, se encuentra dispersa en el interior del soporte. Los distintos tamaños de partículas medidos para estos sólidos y la relación entre ellos se muestran en la Tabla 17. El tamaño promedio de partícula, para la serie A-MoS$_2$ esta en el estrecho rango de 0,62 a 0,64 μm, con una desviación estándar entre 0,12 y 0,16 μm. En cuanto al tamaño promedio de partícula, para la serie B-MoS$_2$, se ubica en el rango de 0,60 a 0,64 μm, con una desviación estándar entre 0,12 y 0,17 μm.

Las imágenes de microscopia electronica de barrido de los catalizadores A-MoNiS y B-MoNiS 200, 250 y 300 °C (Figura 32) comparado con el soporte de MCM-48 (Figura 31 a) revelan una morfología esférica mas compacta con presencia de aglomerados de partículas hexagonales o de forma irregular, queal igual que en los catalizadores de MoS$_2$ no varian notablemente al aumentar la temperatura de impregnación.

Tabla 17. Tamaño promedio de partícula de los catalizadores impregnados.

Catalizador	Tamaño de partícula promedio (μm)	N° de partículas medidas	Desviación estándar
MCM-48	0,53	10	0,16
A-MoS$_2$-200	0,62	10	0,16
A-MoS$_2$-250	0,63	10	0,12

A-MoS$_2$-300	0,64	10	0,15
B-MoS$_2$-200	0,60	10	0,12
B-MoS$_2$-250	0,61	10	0,17
B-MoS$_2$-300	0,64	10	0,12

Para los sólidos A-MoNiS y B-MoNiS a 200, 250 y 300 °C y el promedio de los tamaños de partícula es 0,62 a 0,65 µm su desviación estándar se sitúa alrededor de 0,11 y 0,15 µm. Del mismo modo, los sólidos A-MoNiS donde se varió la relación atómica Ni/Mo (5:15 y 15:15) el tamaño promedio de partícula se ubica en 0,60 y 0,63 µm con una desviación estándar de 0,12 y 0,13 µm, respectivamente (Tabla 18).

Al comparar el tamaño de partículas de cada uno de los catalizadores, vemos un incremento como consecuencia de la incorporación de las fases metálicas (Figura 32), ademas es evidente el cambio en la morfología de los materiales catalíticos B-MoNiS-250-5 y B-MoNiS-250-15 luego de la variación del porcentaje de níquel mostrando la formación de partículas planas de carácter amorfo posiblemente constituidas por cristales de níquel de mayor tamaño producto del incremento de la concentración del níquel que bloquea la interacción entre la fase de MoS$_2$ disminuyendo el efecto sinergético tal como lo reporta Alonso *et. al.,* [clii].

Por consiguiente, podemos decir que la relación óptima para lograr la sinergia de las fases de níquel y molibdeno es 15% Mo y 10% Ni, se presume que este hecho sea debido a que el tamaño de los cristales de la fase del Ni, podrían formar especies de mayor tamaño que impiden la mejor dispersión de las especies de molibdeno.

(a)

(b)

(c)

(d)

(e)

(f)

<table>
<tr><td>(g)</td><td>(h)</td></tr>
<tr><td>(i)</td><td>(j)</td></tr>
</table>

Figura 32. Micrografías electrónicas de barrido de los sólidos: (a) A-MoNiS-200; (b) A-MoNiS-250; (c) A-MoNiS-300; (d) B-MoNiS-200; (e) B-MoNiS-250; (f) B-MoNiS-300; (g) A-MoNiS-250-5; (h) A-MoNiS-250-15 (i) B-MoNiS-250-5; (j) B-MoNiS-250-15.

Tabla 18. Tamaño promedio de partícula de los catalizadores impregnados.

Catalizador	Tamaño de partícula promedio (μm)	$N°$ de partículas medidas	Desviación estándar
MCM-48	0,53	10	0,16
A- MoNiS-200	0,62	10	0,13

A- MoNiS-250	0,63	10	0,12
A- MoNiS-300	0,65	10	0,15
B- MoNiS-200	0,61	10	0,15
B- MoNiS-250	0,63	10	0,12
B- MoNiS-300	0,64	10	0,14
A- MoNiS-250-5	0,60	10	0,13
A- MoNiS-250-15	0,63	10	0,12
B- MoNiS-250-5	1,59	10	0,14
B- MoNiS-250-15	2,89	10	0,15

3.6. Análisis elemental mediante energía dispersiva de rayos X (EDX)

Mediante esta técnica se determinó la composición elemental de los catalizadores sintetizados, en las Tabla 19, 20 y 21 se muestra el promedio de los resultados obtenidos de tres regiones seleccionadas al azar del sólido con una magnificación de 150x tomados a las diferentes muestras.

Tabla 19. Composición elemental de los sólidos A-MoS$_2$ y B-MoS$_2$.

Elemento	*A-MoS$_2$-200*	*A-MoS$_2$-250*	*A-MoS$_2$-300*	*B-MoS$_2$-200*	*B-MoS$_2$-250*	*B-MoS$_2$-300*
% O, Molar	0,25	0,26	0,23	0,21	0,23	0,23
% Si, Molar	2,74	2,02	2,40	2,81	2,07	2,42
% S, Molar	0,13	0,17	0,13	0,06	0,15	0,12
% Mo, Molar	0,04	0,08	0,04	0,02	0,06	0,05

| Relación Molar (S/Mo) | 3,06 | 2,09 | 3,19 | 3,33 | 2,38 | 2,51 |
| % Masa Mo | 9,16 | 18,12 | 10,04 | 4,87 | 14,81 | 11,08 |

Tabla 20. Composición elemental de los sólidos A-MoNiS y B-MoNiS.

Elemento	*A-MoNiS-200*	*A-MoNiS-250*	*A-MoNiS-300*	*B-MoNiS-200*	*B-MoNiS-250*	*B-MoNiS-300*
% O, Molar	0,17	0,20	0,23	0,17	0,19	0,21
% Si, Molar	3,51	2,58	2,53	3,07	2,62	3,44
% S, Molar	0,04	0,19	0,11	0,03	0,18	0,14
% Mo, Molar	0,06	0,09	0,04	0,05	0,08	0,05
% Ni, Molar	0,05	0,10	0,03	0,07	0,09	0,06
Mo, % masa	12,52	17,65	9,37	12,53	16,31	9,78
Ni, % masa	7,43	11,80	6,84	5,64	10,92	5,29
Relación Molar (S/Mo)	0,65	1,98	2,67	0,59	2,16	2,89
Relación Molar (S/Ni)	0,67	1,81	3,66	0,41	1,97	2,33

Relación Molar (Mo/Ni)	1,03	0,92	1,37	0,69	0,91	0,80

En la Tabla 19 podemos notar que las series de catalizadores A-MoS$_2$ y B-MoS$_2$, exhiben proporciones molares de molibdeno en el rango de 0,02 a 0,06 %; azufre entre 0,06 y 0,17 %, así como también presencia de oxígeno y silicio correspondientes al soporte. Los valores de Si y O obtenidos para estos sólidos, se encuentran en rangos similares lo que era de esperarse puesto que en su síntesis estos compuestos fueron agregados en proporciones equivalentes. En cuanto a la relación molar S/Mo, los resultados de los catalizadores impregnados a 250 °C (Tabla 19), independiente del método de síntesis empleado demuestran que la fase MoS$_2$ se encuentra presente, ya que la misma ofrece valores cercanos al valor teórico (S/Mo=2), lo que concuerda con los resultados de microscopia electrónica de transmisión. Del mismo modo, para el resto de los sólidos la relación S/Mo se ubica alrededor de 3, demostrando que parte del molibdeno agregado puede estar bajo otras fases sobre la superficie o como sólidos amorfos (MoS$_3$) [clxv].

Por otro lado, al comparar el porcentaje en masa de molibdeno teórico (15 % Mo) con los porcentajes en masa de molibdeno de los catalizadores A-MoS$_2$ y B-MoS$_2$, vemos que existe una diferencia notable, puesto que los mismos están localizados a intervalos de 9,16-18,12 % y 4,87-14,81 %, respectivamente. Caso similar ocurre para los sólidos A-MoNiS y B-MoNiS (Tabla 20) donde los porcentajes en masa de molibdeno y níquel presentan una elevada desviación respecto a los valores teóricos 15 % Mo y 10 % Ni. Mientras tanto, los catalizadores A-MoNiS y B-MoNiS impregnados a 250 °C presentan relaciones molares S/Mo y S/Ni cercanas a 2 (valor teórico), lo que indica que en estas áreas pudiera estar presente la fase de MoS$_2$ y NiS$_2$, aunado a ello la relación Mo/Ni corresponden con los valores esperados (Mo/Ni=1). Estas relaciones coinciden para demostrar la formación estequiométrica de la fase $MoNiS_2$ en estos catalizadores. Para el resto de los sólidos los resultados expresan que tanto el molibdeno como el níquel se encuentran formando otras fases distintas a las esperadas. Cabe destacar que para los solidos A-MoNiS y B-MoNiS a 200 y 300 °C, las especies de sulfuro de níquel pueden estar presentes posiblemente en la forma de Ni_7S_6 y NiS cambiando de fase en los catalizadores A-MoNiS-250 y B-MoNiS-250 como resultado de una redispersion del Niquel pasando de Ni_7S_6 y NiS a Ni_3S_2 como consecuencia de la temperatura, lo cual podría también estar relacionado con actividades catalíticas elevadas [clxvi, clxvii].

Al comparar los métodos vemos que los resultados experimentales de la relación atómica varían dependiendo la temperatura utilizada para sintetizar los materiales estudiados (Tabla 19 y 20) este cambio es provocado por un reacomodo estructural de las especies presentes en el catalizador por efecto de las condiciones de descomposición de los precursores de la fase activa durante la síntesis del catalizador.

De los porcentajes en masa mostrados en la Tabla 21, se puede observar que la cantidad de molibdeno incorporada en esta región se encuentra entre 4,91 y 17,65 %, mientras que este porcentaje teóricamente debe corresponder al 15 %. Para el catalizador A-MoNiS-250-5 y B-MoNiS-250-5 el porcentaje en masa de níquel se ubica en 4,17 %, y debe corresponder teóricamente a un 5 %. Del mismo modo el porcentaje en masa de los catalizadores A-MoNiS-250-5, B-MoNiS-250-5, A-MoNiS-250-15 y B-MoNiS-250-15 no concuerda con los valores teóricos esperados 10 y 15 %, respectivamente. Más allá de los márgenes de errores ocurridos en un trabajo experimental, es importante recordar que este estudio es realizado solo en una región (tres áreas) del catalizador y considerando la poca homogeneidad en la distribución de estos metales sobre el soporte, dicho valor teórico es difícil de alcanzar.

Tabla 21. Composición elemental de los sólidos A-MoNiS-250 y B-MoNiS-250 (5, 10 y 15 % Ni).

Elemento	*A-MoNiS-250-5*	*A-MoNiS-250*	*A-MoNiS-250-15*	*B-MoNiS-250-5*	*B-MoNiS-250*	*B-MoNiS-250-15*
% O, Molar	0,16	0,20	0,18	0,15	0,19	0,20
% Si, Molar	3,75	2,58	3,08	3,37	2,62	2,77
% S, Molar	0,06	0,19	0,03	0,05	0,18	0,02
% Mo, Molar	0,02	0,09	0,07	0,02	0,08	0,07
% Ni, Molar	0,05	0,10	0,08	0,06	0,09	0,23
Mo, % masa	4,91	17,65	14,91	4,47	16,31	13,81
Ni, % masa	4,17	11,80	6,17	4,94	10,92	16,27
Relación Molar (S/Mo)	3,31	1,98	0,49	2,99	2,16	0,31
Relación Molar (S/Ni)	4,17	1,81	0,4	0,86	1,97	0,09
Relación Molar (Mo/Ni)	0,43	0,92	0,82	0,29	0,91	0,29

3.7.Pruebas preliminares

Estas pruebas se realizaron para establecer un patrón de referencia, así como, estudiar las posibles transformaciones de los solventes y del DBT en relación con la temperatura de operación y al soporte en ausencia de la fase activa. A continuación, se procedió a realizar las pruebas en las condiciones de reacción propiamente, para cada uno de los catalizadores.

3.7.1. Efecto de la temperatura sobre la mezcla (DBT/n-decano/ 1% de tolueno)

Para estudiar el efecto de la temperatura en la mezcla de 1% dibenzotiofeno DBT en n-decano, 1% de tolueno en n-decano, se procedió a someter la mezcla a las condiciones de operación (350 °C, 90 min; Flujo= 3 mL/h), al alcanzar las mismas él liquido fue colectado para su análisis por cromatografía de gases. Los líquidos colectados se compararon con la cromatografía tomada a la mezcla DBT/n-decano/toluelo, a temperatura ambiente.

Esta mezcla se usó para comprobar el efecto de la temperatura debido a que el n-decano se usó como el solvente en la preparación de la solución de dibenzotiofeno, así mismo, el tolueno se emplea como patrón interno de esta solución para observar la relación porcentual de los componentes en la cromatografía. Los productos analizados se muestran en la Figura 33:

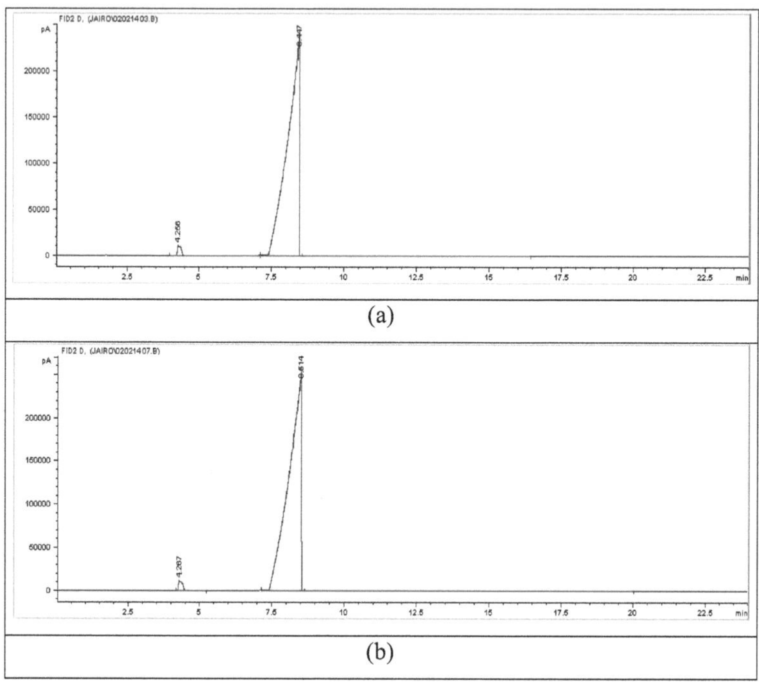

Figura 33. Cromatograma de gases de los productos de las reacciones a t = 90 min entre: (a) Mezcla a temperatura ambiente; (b) Mezcla a temperatura de reacción.

Como se puede ver en la Figura 33 no hubo variación en los picos de la mezcla a temperatura ambiente con respecto a las que fueron sometidas a las condiciones de operación, lo que indica que el solvente utilizado no generó productos colaterales en las condiciones de temperatura del estudio.

3.7.2. Efecto de la temperatura sobre el soporte (MCM-48)

La mezcla de 1% dibenzotiofeno DBT en n-decano, la cual tuvo como patrón interno 1% p/p de tolueno, se inyectó en un reactor de vidrio pyrex de lecho fijo, al cual se le agregó 0,2 g de material mesoporoso de partida (0% de MoS$_2$) y se procedió a llevar a condiciones de reacción, se colectaron los productos de reacción y se procedió a analizarlos usando para ello cromatografía de gases; a continuación, en la Figura 34 se presentan los cromatogramas en presencia y en ausencia de MCM-48.

Al comparar los cromatogramas obtenidos a condiciones de operación para esta mezcla DBT/n-decano/toluelo en presencia y ausencia del soporte (Figura 34), se pudo ver que no hubo variación en los mismos, lo que demuestra que no existe un efecto térmico que afecte al soporte.

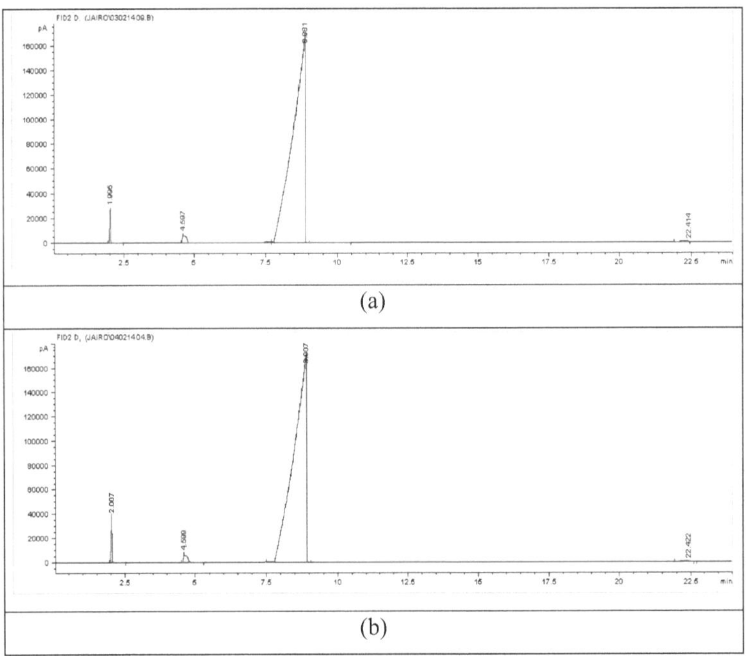

Figura 34. Cromatograma de gases de la carga (mezcla DBT/n-decano-tolueno) (a) En ausencia de MCM-48; (b) En presencia de MCM-48.

3.8. Pruebas catalíticas

Para estudiar la transformación catalítica de DBT se utilizó una temperatura de reacción de 350 °C, un tiempo de contacto de 2,8 g*h*mol^{-1}, un tiempo total de reacción de 90 min y todos los catalizadores fueron pretratados durante 1 hora en flujo de N_2 de 30 mL/min a la temperatura de reacción (350°C). Al mismo tiempo las series de sólidos B-MoS_2 y el catalizador B-MoNiS-250 fueron sometidas a un flujo de H_2S de 30 mL/min para la activación (formación de sulfuro de molibdeno). La masa del catalizador empleada fue de 0,2 mg.

3.8.1. Estudio del efecto del tiempo de reacción sobre la conversión catalítica:

Los resultados de conversión de DBT en función del tiempo de reacción se muestran en la Figura 35. Las muestras presentan un pico en el incremento de la conversión en función de la temperatura de impregnación de los catalizadores mono y bimetalicos a 250 °C. La tendencia de la conversión para las series es a mantenerse constante o crecer ligeramente con el tiempo de reacción, esto se debe a que hubo una mínima desactivación de los catalizadores. En esta figura fue notorio el incremento de la cantidad de azufre eliminado con el aumento de la temperatura de reacción hasta llegar un máximo de conversión a 250 °C siendo este valor el óptimo dentro del estudio, posteriormente se observó una disminución de la conversión atribuido a la formación de cristales de mayor tamaño tal como se observó por DRX, además las altas temperaturas influyen en la limitación termodinámica para la HDS, lo que coincide con lo citado en la literatura [clxviii].

Al comparar las series vemos que los valores de conversión aunque en el mismo orden los sólidos A-MoS_2 y A-MoNiS exhiben mayor conversión respecto a las series B-MoS$_2$ y B-MoNiS, esto se atribuye a que no todo el molibdeno contenido en estas series de catalizador fue anclado al soporte, y en consecuencia se presume la presencia de formaciones (aglomerados) de molibdeno de gran tamaño de partícula y baja actividad catalítica tal como fue demostrado al calcular el espesor de pared por los datos de DRX a ángulo convencional para las series B-MoS$_2$ y B-MoNiS, aunado a ello el precursor Mo en el método A (incorporación por descomposición de hexacarbonilo de molibdeno) evita la formación de impurezas y subproductos de reaccion generados durante la preparación tal como se discutió en la técnica de DRX a ángulos bajos.

Las Figuras 35, 36 y 37 permiten observar que para ambas series de catalizadores la conversión mejora con la adición del metal promotor (Ni), dado el carácter hidrogenante del níquel, hecho que favorece tal como se ha descrito anteriormente las reacciones de HDS [clxix], además al variar la concentración del mismo vemos que existe un valor óptimo en la relación favorable alcanzado en los catalizadores A-MoNiS-250 y B-MoNiS-250 con 15% Mo y 10% Ni, debido a que se logró la sinergia con la fase del Molibdeno (MoS$_2$). Los valores de relación atómica para los catalizadores bimetálicos, para los que se obtuvo los mayores % de conversión fueron A-MoNiS-250 y B-MoNiS-250 con un promedio de 61,37 % y 59,37, respectivamente. Es notable que ambos catalizadores registraron conversiones que se ubican muy por encima de las registradas en la literatura para un catalizador de níquel-molibdeno soportado sobre materiales mesoporosos [clxix].

Claramente, la actividad catalítica de los catalizadores debe estar relacionada con las características del soporte como se puede ver en la Figura 36, al comparar un catalizador de molibdeno soportado sobre MCM-41 (Comercial), para la HDS de DBT a 300 minutos y 350 °C con el catalizador más activo de cada una de las series en estudio (A-MoS$_2$-250, B-MoS$_2$-250, A-MoNiS-250 y B-MoNiS-250).

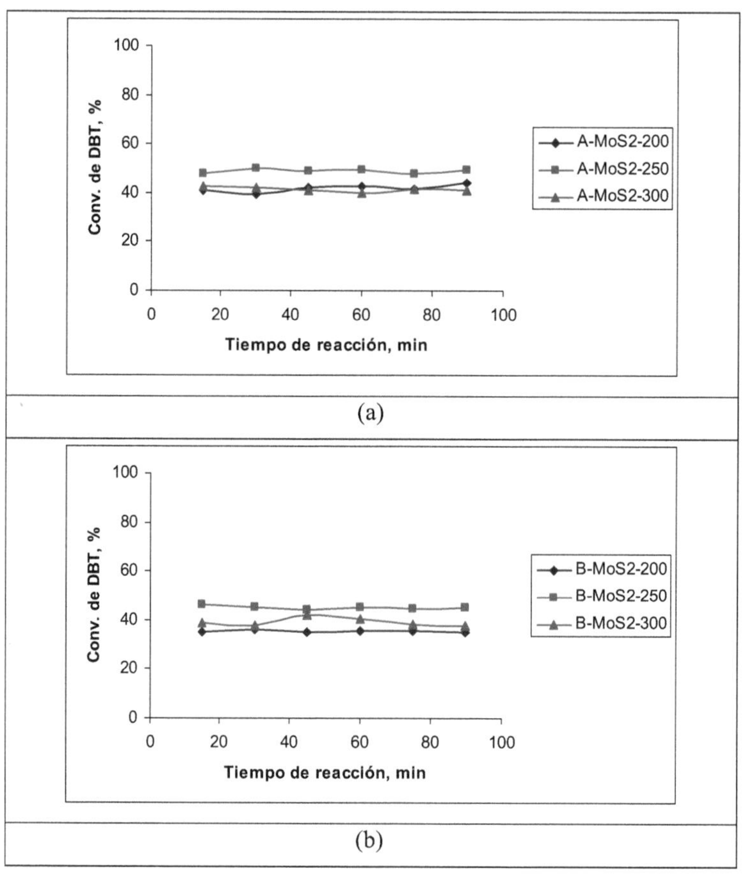

(a)

(b)

134

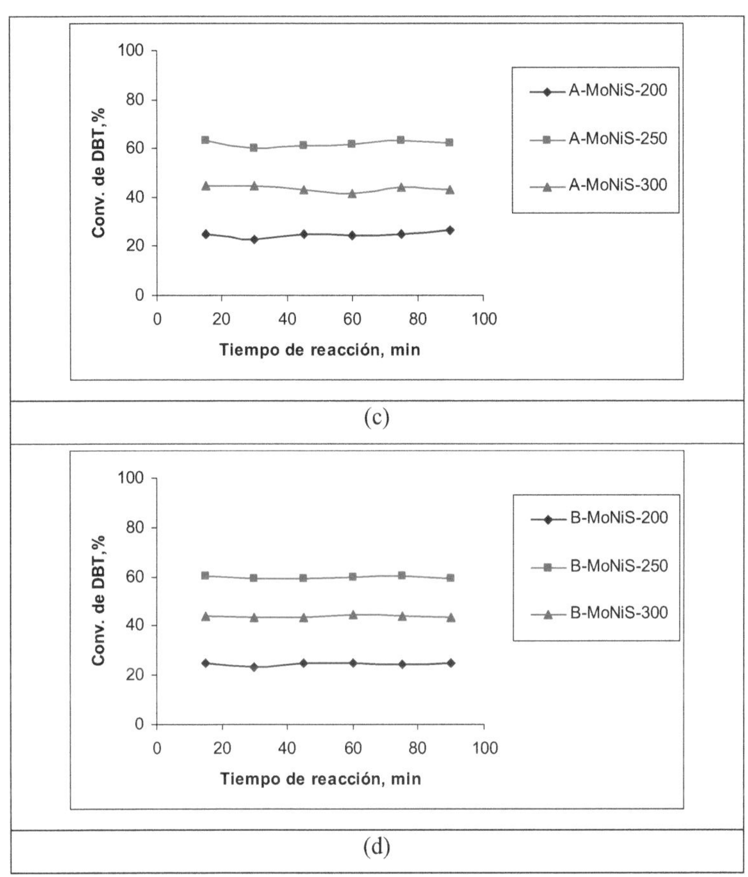

Figura 35. Reacciones HDS de los sólidos modificados a 200, 250 y 300 °C: (a) A-MoS$_2$; (b) B-MoS$_2$; (c) A-MoNiS y (d) B-MoNiS.

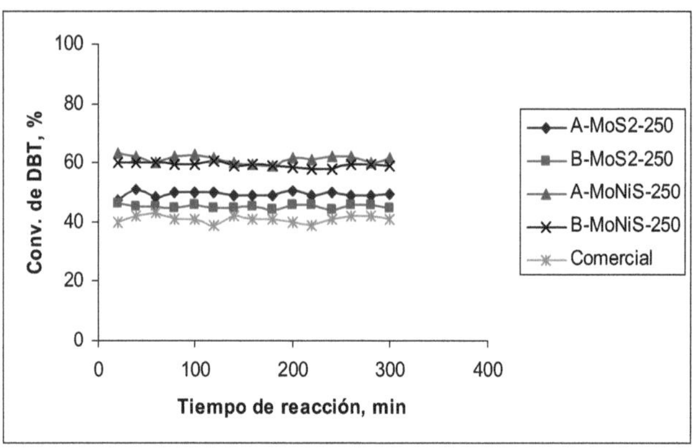

Figura 36. Reacciones HDS durante 5 horas a 250 °C de los sólidos: A-MoS$_2$-250; B-MoS$_2$-250; A-MoNiS-250 y B-MoNiS-250.

La Figura 37 muestra la actividad de A-MoNiS-250-5 y B-MoNiS-250-5, resultado de las especies de sulfuro de níquel que pueden estar presentes posiblemente como Ni$_7$S$_6$ y NiS. Este mismo efecto se observó para A-MoNiS-250-15 y B-MoNiS-250-15, debido al tamaño de los cristales, que podrían formar especies de mayor tamaño por el incremento de la concentración de Mo.

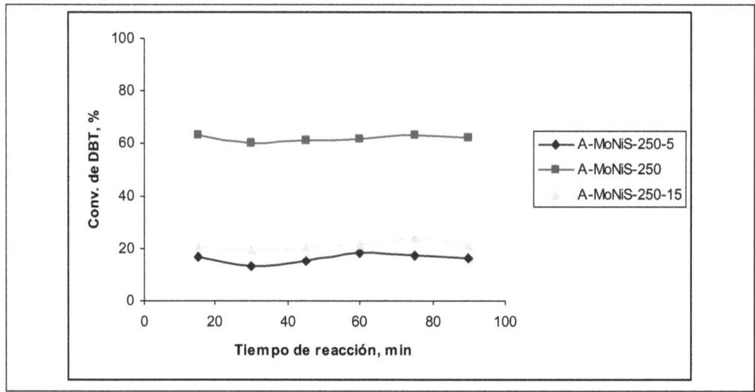

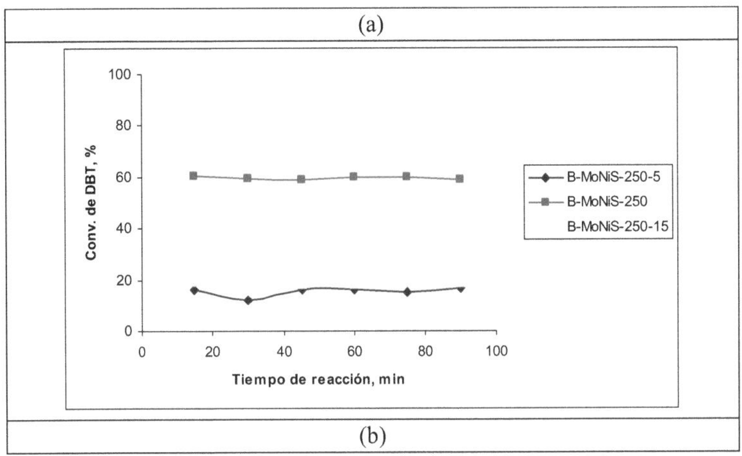

Figura 37. Reacciones HDS de los sólidos modificados con variacion del porcentaje de níquel (5, 10 y 15 % Ni): (a) A-MoNiS y (b) B-MoNiS.

3.8.2. Estudio de la estabilidad catalítica:

En las Figuras 38 a, b y c se muestra la estabilidad catalítica de los sólidos modificados de las series A-MoS$_2$; B-MoS$_2$; A-MoNiS y B-MoNiS-250 a tiempos de reacción 90 minutos y en la Figura 38 d se compara, la estabilidad catalítica de los sólidos más activos en un lapso de 5 horas calculados según la ecuación:

$$\% \ Estabilidad = \frac{Conversión \ a \ t_{máx} * \ 100\%}{Conversión} \quad (13)$$

tmáx= tiempo máximo de reacción

Observándose en línea general, que la estabilidad de los mismos se mantiene a lo largo del tiempo de reacción. Así mismo, en la Figura 38 d, se observan los sólidos más activos de cada una de las series.

137

120
100
80
60
40
20
0
Relación de estabilidad, (%)
0
20
40
60
80
Tiempo de reacción, (min)
A-MoS2-200
A-MoS2-250
A-MoS2-300

(a)

120
100
80
60
40
20
0
Relación de estabilidad, (%)
0
20
40
60
80
Tiempo de reacción, (min)
B-MoS2-200
B-MoS2-250
B-MoS2-300

(b)

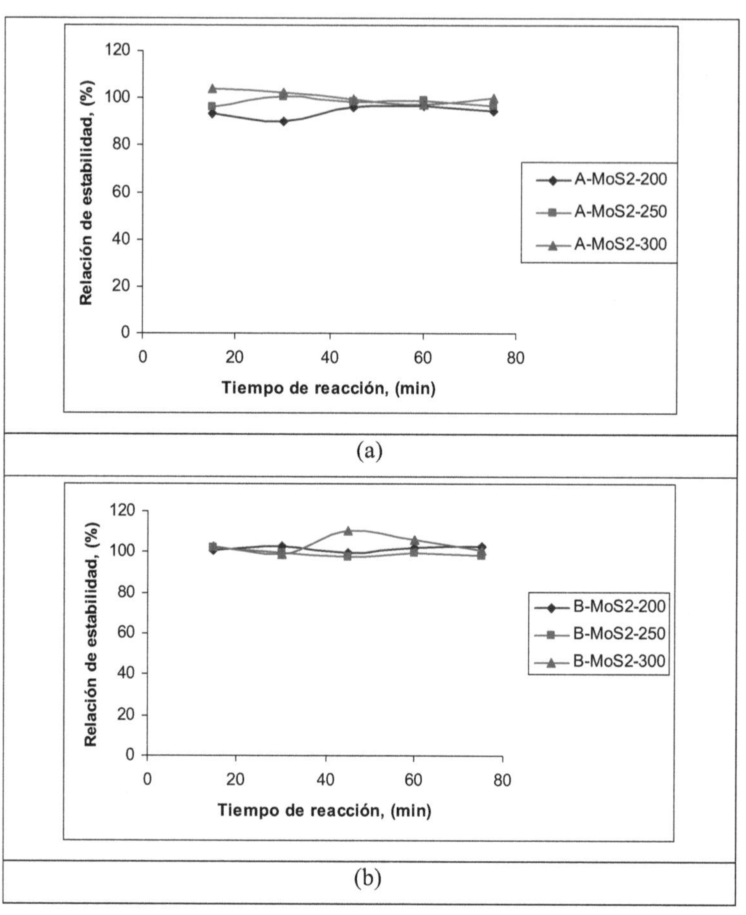

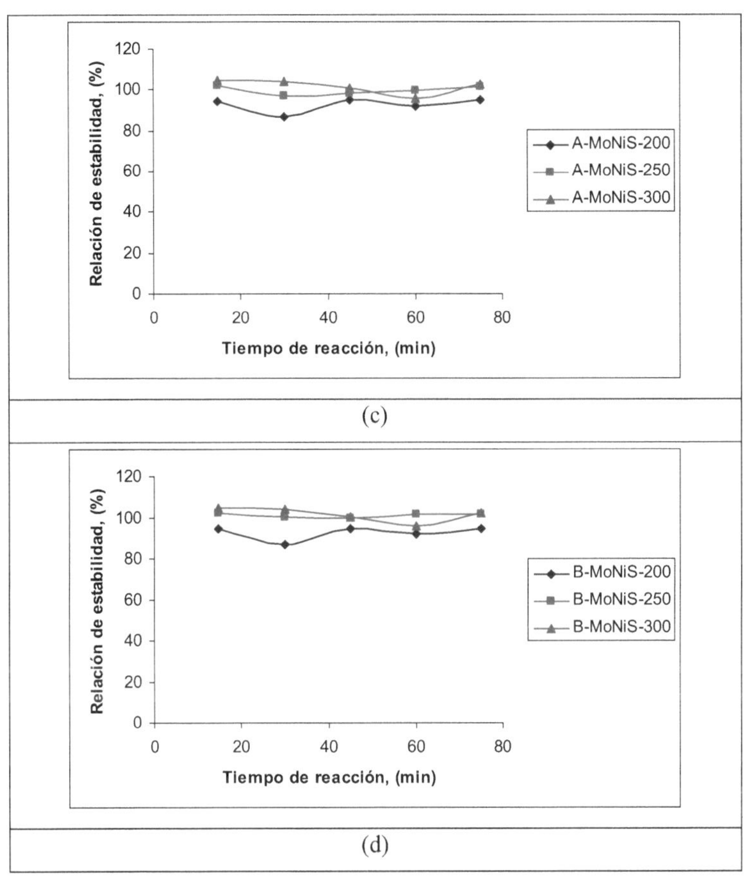

(c)

(d)

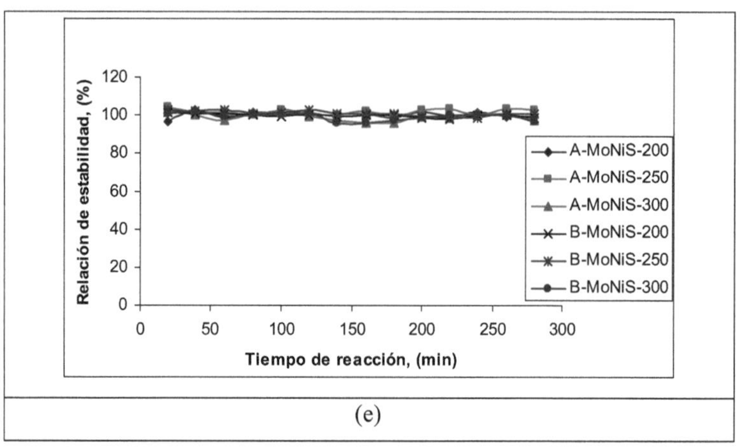

Figura 38. Reacciones de estabilidad de los sólidos modificados: (a) A-MoS$_2$; (b) B-MoS$_2$; (c) A-MoNiS; (d) B-MoNiS; (e) A-MoNiS y B-MoNiS durante 5 h.

Esta estabilidad (Figura 38 d) se puede atribuir a las características del soporte MCM-48 que permite trabajar en condiciones intermedias de temperatura y al tamaño promedio de poro, que para este caso esta alrededor de 1,7 a 2,3 nm. Así mismo, podemos ver que en línea general la estabilidad presentó una tendencia similar a los tamaños de poros de los catalizadores, que debido a su tamaño promedio permite el flujo de la molécula de DBT

3.8.3. Estudio de la selectividad:

La reacción llevada a cabo dio origen al compuesto bifenilo (BF) como único producto de reacción, el cual es un producto de hidrodesulfuración directa [clxx, clxxi], esta selectividad del 100% de bifenilo es la esperada, debido a que el mismo prácticamente no se transforma en ciclohexilbenzeno (CHB) [clxxii]. Indicando que solo ocurre la hidrodesulfuración directa (DDS) de DBT, las reacciones de hidrogenación no ocurrieron, posiblemente debido a que el sistema de reacción sigue la ruta de adsorción del dibenzotiofeno por el átomo de S, seguida por la pérdida de éste, vía (hidrogenólisis de los enlaces σ) [clxxiii, clxxiv]. Presuntamente esta vía se ve beneficiada debido a la formación de un número mayor de sitios activos tipo Bronsted [xxix] en la superficie del catalizador, los cuales son sitios mucho más fáciles de acceder para el reactivo, según la bibliografía estos sitios son los responsables de la hidrogenólisis, por esta razón se propone que estos son los formados en los catalizadores sintetizados.

En la Figura 39, se presenta el esquema de reacción propuesto por la bibliografía [clxxv, clxxvi, clxxvii, clxxv] para la reacción de HDS del DBT en sistemas de catalizadores con W y Mo cargas de 20 a 10 % peso bajo en un rango de temperatura de 300-440 º C.

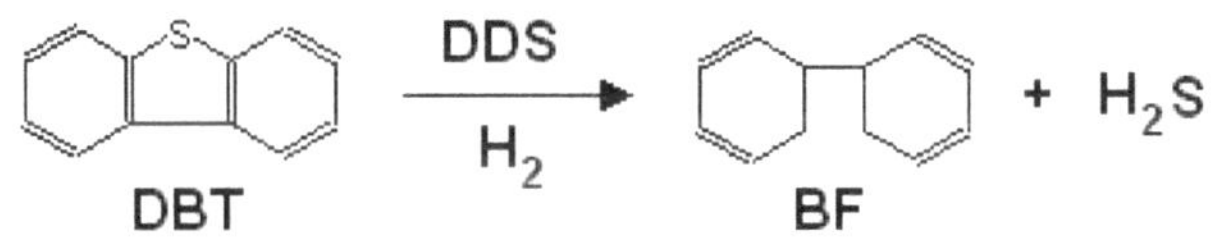

Figura 39. Esquema de reacción para la reacción de la HDS del DBT; Hidrodesulfuración directa (DDS).

CAPITULO 4. CONCLUSIONES SOBRE LA SÍNTESIS, CARACTERIZACIÓN, Y CATÁLISIS DE MOS$_2$ Y NIMOS SOBRE MCM-48

De los resultados obtenidos de las experiencias realizadas se puede concluir que:

La tendencia creciente de las propiedades del reactante hacia el producto demostró la factibilidad técnica de producir a partir de GOV productos aromáticos altamente condensados como la brea de alquitrán de petróleo.

La incorporación de sulfuro de molibdeno en la estructura mesoporosa tipo MCM-48, influye en las características texturales de los catalizadores sin que se provoque perdida de la periodicidad o perdida de la estructura de poro. Por consiguiente, se demostró que los materiales a partir de silica del tipo MCM-48, al ser preparados bajo condiciones adecuadas pueden ser usados como soporte efectivo para catalizadores de hidrodesulfuración.

Se sintetizaron catalizadores monometálicos Mo y bimetálicos MoNi soportados sobre MCM-48, preparados por impregnación y sulfuración con azufre elemental e impregnación vía sulfuración ex situ.

Por medio de las técnicas de difracción de rayos X a ángulos bajos y la adsorción de nitrógeno a 77K se detectó una caída del valor del parámetro celda unidad a$_o$ como consecuencia de la reducción del tamaño de poro y el aumento del espesor de la pared por efecto de la deposición de las moléculas de MoS$_2$ en el interior del sistema de canales

Los patrones de difracción de rayos X a ángulos convencionales y las elevadas áreas superficiales de los sólidos en estudio, indican que el MoS$_2$ se halla altamente disperso en dichas series.

Se evidenció la formación de cristales de MoS_2 en el orden de los nanómetros (alrededor de 1 a 3 nm) en los canales del mesoporoso, lo que resulta en una alta dispersión.

La actividad catalítica depende de la fuente de molibdeno y de la temperatura de preparación del sólido, ya que los parámetros estructurales, valores texturales e interacción con el soporte son consecuencia directas de las condiciones empleadas en las tres rutas de impregnación.

El catalizador más activo fue el A-MoNiS-250, por lo que el procedimiento más efectivo del estudio para la incorporación de molibdeno fue el de la descomposición del hexacarbonilo de molibdeno.

El estudio de la estabilidad térmica sugiere que en línea general, la estabilidad de los mismos se mantiene a lo largo del tiempo de reacción.

Todos los catalizadores estudiados presentaron 100% de selectividad hacia el compuesto bifenilo (BF), indicando que solo ocurrió la hidrodesulfuración directa (DDS) de DBT.

Las pruebas catalíticas revelan la alta actividad de hidrodesulfuración del Mo/MCM-48 o/y MoNi/MCM-48, los cuales presentaron conversiones que se ubican por encima de las registradas en la literatura para un catalizador de molibdeno soportado sobre materiales mesoporosos, optimizando así las condiciones para los catalizadores obtenidos mediante impregnación y sulfuración directa con azufre elemental.

La temperatura de sulfuración a la cual se obtiene la mayor conversión para todos los catalizadores preparados fue a 250ºC, por lo cual dicha temperaturas corresponde a un óptimo.

Los catalizadores que presentan mayor conversión corresponden a los sólidos bimetálicos obtenidos mediante sulfuración directa, por lo tanto, la introducción de níquel a la fase activa, juega un papel importante como promotor ya que mejora la actividad catalítica de los catalizadores obtenidos por la vía de sulfuración directa.

Los catalizadores son altamente estables independientemente del método de sulfuración o de la presencia de promotor.

La vía de sulfuración y la presencia del promotor no afectan la selectividad, el único producto obtenido para todos los catalizadores fue el bifenilo.

ACERCA DEL AUTOR

Dr. Jairo José Rondón Contreras. Profesor Asociado de Ingeniería en la Universidad Politécnica de Puerto Rico. Licenciado en Química, Magíster y Doctor en Química Aplicada, mención Estudio de Materiales por la Universidad de Los Andes. A partir de 2007 se desempeñó en la industria de petróleo y gas, adquiriendo experiencia en el área de procesos químicos aplicados; además ha desarrollado proyectos de ingeniería básica y de detalle para la industria química y del petróleo. Sus investigaciones abarcan diversas áreas como: Ciencia e ingeniería de Materiales, Diseño de Ingeniería, Química Aplicada, y Gestión de Proyectos. Autor y coautor de artículos científicos referidos a ingeniería química y biomédica, caracterización de sólidos, cinética, catálisis, y termodinámica.

BIBLIOGRAFÍA

[i] C. Song, Catal. Fuel processing for low-temperature and high-temperature fuel cells: Challenges, and opportunities for sustainable development in the 21st century. Pages 17-49. Today 77 (2002) 17.

[ii] S.K. Maity, B.N. Srinivas, V.V.D.N. Prasad, A. Singh, G. Murali Dhar, T.S.R. Prasada Rao, in: T.S.R. Prasada Rao, G. Murali Dhar. Studies on sepiolite supported hydrotreating catalysts. Sci. Catal. 113 (1998) 579.

[iii] A. Griboval, P. Blanchard, E. Payen, M. Fournier, J.L. Dubois, J.R. Bernard. Characterization and catalytic performances of hydrotreatment catalysts prepared with silicium heteropolymolybdates: comparison with phosphorus doped catalysts. Appl. Catal. A 217 (2001) 173.

[iv] J.A.R. Van Veen, E. Gerkema, A.M. van der Kraan, A. Knoester. A real support effect on the activity of fully sulphided CoMoS for the hydrodesulphurization of thiophene. J. Chem. Soc., Chem. Commun. (1987) 1684.

[v] Speight, J. G. (2014). *The chemistry and technology of petroleum*. CRC press.

[vi] Rondón, J. (2011). Hidrodesulfuración de dibenzotiofeno en catalizadores de Mo soportados sobre el material nanoporoso MCM-48. Trabajo Especial de Grado (MSc). Universidad de Los Andes, Facultad de Ciencias. Mérida-Venezuela.

[vii] Rondón, J., Meléndez, H., Lugo, C., García, E., Barros, D., & Del Castillo, H. (2014). Construcción de una matriz de formación para la producción de brea de alquitrán de petróleo grado ánodo mediante craqueo térmico. Ciencia e Ingeniería, 35(3), 115-123.

[viii] Rondón, C. J., Meléndez, Q. H., Lugo, G. C., García, M. E., Belandria, L., Barros, B. D., & Del Castillo, H. (2011). Desarrollo de un modelo termodinámico molecular del proceso de producción de brea de alquitrán de

petróleo grado ánodo mediante craqueo térmico de gasóleo de vacío. Ciencia e Ingeniería, 32(3), 129-139.

[ix] Rondón, J. (2024). *Brea de Alquitrán de Petróleo: Un estudio experimental como aglomerante*. Editorial Académica Española. ISBN: 9786139407552.

[x] Song C. An overview of new approaches to deep desulfuration for ultra-clean gasoline, diesel fuel and jet fuel. Catalysis Today 86. 211-263 (2003).

[xi] Datsevich, L. B., Grosch, F., Köster, R., Latz, J., Pasel, J., Peters, R., ... & Wolfrum, R. (2009). Deep desulfurization of petroleum streams: Novel technologies and approaches to construction of new plants and upgrading existing facilities. Chemical Engineering Journal, 154(1-3), 302-306.

[xii] Alvez, G., García, R., Cid, R., Escalona, N., & Gil-Llambias, F. J. (2001). Hidrodesulfuración de tiofeno sobre catalizadores Ni-W y Ni-Re. Efecto del soporte. *Boletín de la Sociedad Chilena de Química*, *46*(3), 363-372.

[xiii] Gary J.; Handwerk G. Refino de Petróleo. Editorial Reverté. Barcelona-España. (1980).

[xiv] Kilanowski D.; Teeuwen H.; De Beer V.; Gates B.; Schuit G.; Kwart H. Hydrodesulfurization of Thiophene, Benzothiophene, Dibenzothiophene, and Related Compounds Catalyzed by sulfide CoO-MoO_3/γ-Al_2O_3: Low-Pressure Reactivity Studies. J. Catal. 55. 129 (1978).

[xv] De La Cal J.; Asua J. Hidrodesulfuración de Fracciones de Petróleo. Trabajo de ascenso. Universidad de Los Andes, Facultad de Ingeniería, Escuela de Ingeniería Química. Mérida-Venezuela. XVI (186): 27-37 (1984).

[xvi] Fuentes J. Hidrodesulfuración de Crudos Pesados de la Faja del Orinoco. Tesis de Grado. Universidad de Los Andes, Facultad de Ingeniería, Escuela de Ingeniería Química. Mérida-Venezuela. (1981).

[xvii] Wuithier, P. (1971). El petróleo: Refino y tratamiento químico. Editorial Cepsa. ISBN: 8430058060

[xviii] Topsøe H.; Clausen B.; Massoth F. Hydrotreating Catalysis. Catalysis-Science and Technology. Springer – Verlag Berlin Heidelberg. Vol 11 (1996).

[xix] Lipsch J.; Schuit G. The CoO---MoO$_3$---Al2O$_3$ catalyst: I. Cobalt molybdate and the cobalt oxide molybdenum oxide system. J. Catal. 15. 163 (1969).

[xx] Vrinat M. The kinetics of the hydrodesulfurization process- A Review. Applied Catalysis 6. 137 (1983).

[xxi] Song C. An overview of new approaches to deep desulfuration for ultra-clean gasoline, diesel fuel and jet fuel. Catal. Today 86. 211-263 (2003).

[xxii] Houalla M, Broderick D, Sapre V, Nag K, Beer V. H. J, Gates C, Kwart H. "Hidrodesulfurization". Journal of catalysis, 61 (1980) 523-527.

[xxiii] Bataille F, Mijoin J, Pérot G, Lemberton J, M. "Mechanistic considerations on the involvement of dihydrointermediates in the hydrodesulfurization of dibenzothiophene-type compounds over molybdenum sulfide catalysts". Catalysis Letters, 71 (2001)3-4.

[xxiv] Saigh Z, Hall W. "Hydrogen on molybdenum disulfide: theory of its heterolytic and homolytic chemisorption". J. Phys. Chem, 92 (1988) 803.

[xxv] Kasztelan S, Guillaume D. "Inhibiting effect of hydrogen sulfide on toluene hydrogenation over a molybdenum disulfide/alumina catalyst". Ind. Eng. Chem. Res, 33 (1994) 203-210.

[xxvi] Shafi R.; Hutchings G. Hydrodesulfurization of Hindered dibenzothiophenes: an overview. Catal. Today 59, 423 (2000).

[xxvii] Rosal R.; Diez F.; Sastre H. Catalizadores de Hidrotratamiento. Estructura y Propiedades. Universidad de Los Andes, Facultad de Ingeniería, Escuela de Ingeniería Química. Mérida-Venezuela. XXV (290): 151-157 (1993).

[xxviii] Del Castillo H. Cuaderno 4. Fundamentos de Catálisis Heterogénea. Universidad de los Andes. Facultad de Ciencias (2004).

[xxix] Ng K.; Hercules D. Studies of nickel-tungsten-alumina catalysts by x-ray photoelectron spectroscopy. J. Phys. Chem. 80. 2094 (1976).

[xxx] Scheffer B.; Mangnus P.; Moulijn J. A temperature-programmed sulfiding study of NiO---3/Al2O3 catalysts. J. Catal. 121. 18-30 (1990).

[xxxi] Zuo D.; Li D.; Nie H.; Shi Y.; Lacroix M.; Vrinat M. Acid–base properties of NiW/Al2O3 sulfided catalysts: relationship with hydrogenation, isomerization and hydrodesulfurization reactions. J. Mol. Catal. A: Chem. 211. 179 (2004).

[xxxii] Torrisi S.; Gunter M. Key Fundamentals of Ultra-Low Sulfur Diesel Production: The Four C's. Criterion Catalysis & Technologies CRI438/04 (2004).

[xxxiii] Mangnus P.; Bos A.; Moulijn J. Temperature-Programmed Reduction of Oxidic and Sulfidic Alumina-Supported NiO, WO$_3$, and NiO-WO$_3$ Catalysts. J. Catal. 146. 437 (1994).

[xxxiv] Hall W. In proceedings of the Climax Fourth International Conference of the Chemistry and Uses of Molybdenum; H.F. Barry, P.C.H. Mitchelle, Eds., Climax Molybdenum Co. Ann Arbor, Michigan, p 224 (1982).

[xxxv] Hayden T.; Dumesic J. Studies of the structure of molybdenum oxide and sulfide supported on thin films of alumina. J. Catal. 103. 366 (1987).

[xxxvi] Massoth F. Studies of molybdena-alumina catalysts: IV. Rates and stoichiometry of sulfidation. J. Catal. 36, 164 (1975).

[xxxvii] Schrader G. Cheng. C. P. In situ laser raman spectroscopy of the sulfiding of Mo/γ-Al2O3 catalysts. J. Catal. 80. 369 (1983).

[xxxviii] Arnoldy P.; Van den Heukant J.; Bok G.; Moulijn J. Temperature-programmed sulfiding of *MoO$_3$/Al$_2$O$_3$* catalysts. J. Catal 92. 35 (1985).

[xxxix] Clausen B.; Topsøe H.; Candia R.; Villadsen J.; Lengeler B.; Als-Nielsen J.; Christensen F. Phys. Extended x-ray absorption fine structure study of the cobalt-molybdenum hydrodesulfurization catalysts. Chem. 85(25). 3868

(1981).

[xl] Vissers J.; Scheffer B.; de Beer V.; Moulijn J.; Prins R. Effect of the support on the structure of Mo-based hydrodesulfurization catalysts: Activated carbon versus alumina. J. Catal. 105. 277 (1987).

[xli] Candia R.; Sorensen O.; Villandsen J.; Topsøe N.; Clausen B.; Topsøe H. Importance of Co-Mo-S type structures in hydrodesulphurization. Bull. Soc. Chim. Belg. 93. 763. (1984).

[xlii] Pecoraro T.; Chianelli R. Hydrodesulfurization catalysis by transition metal sulfides. J. Catal. 67. 430 (1981).

[xliii] Mauchausse C. Tesis Doctoral : "Influence du support sur les proprietes catalytiques et morphologiques de catalyseurs a base de sulfure de molybden, actifs en hidrogenation du CO" p 6 – 30, Universite Claude Bernard – Lyon1. (1988).

[xliv] Startsev, A. N. (2000). Concerted mechanisms in heterogeneous catalysis by sulfides. Journal of Molecular Catalysis A: Chemical, 152(1-2), 1-13.

[xlv] Startsev A. The Mechanism of HDS Catalysis. Catal. Rev. –Sci. Eng. 37(3) 353. (1995).

[xlvi] Lipsch J.; Schuit G. The CoO---MoO$_3$---Al$_2$O$_3$ catalyst: III. Catalytic properties. J. Catal.15. 179 (1969).

[xlvii] Voorhoeve R.; Stuiver J. Kinetics of hydrogenation on supported and bulk nickel-tungsten sulfide catalysts. J. Catal. 23. 228 (1971).

[xlviii] Farragher A.; Cossee P. Catalytic chemistry of molybdenum, tungsten sulfides, related ternary compounds. Catal. Proc. Int. Congr. 5th, Meeting Date 1972, 2 (1973).

[xlix] Karroua M.; Centeno A.; Matralis H.; Grange P.; Delmon B. Synergy in hydrodesulphurization and hydrogenation on mechanical mixtures of cobalt sulphide on carbon and MoS$_2$ on alumina. Appl. Catal. 51, L21 (1989).

[l] Karroua M.; Grange P.; Delmon B. Existence of synergy between "CoMoS" and Co_9S_8: New proof of remote control in hydrodesulfurization. Appl. Catal. 50. 10 (1989).

[li] Ratnasamy P.; Sivasanker S. Structural Chemistry of Co–Mo–Alumina Catalyst Catal. Rev. Sci. Eng. 22. 401 (1980).

[lii] Topsøe N-Y.; Topsøe H. Characterization of the structures and active sites in sulfided Co---Mo/Al_2O_3 and Ni---Mo/Al_2O_3 catalysts by NO chemisorption. J. Catal. 84. 386 (1983).

[liii] Wivel. C, Clausen. B.S, Candia. R, Mϕrus. S, Topsøe. H. Catal. Rev.-Sci. Eng. 26. 395 (1984).

[liv] Wivel C, Candia R, Clausen B, Mørup S, Topsøe H. On the catalytic significance of a Co---Mo---S phase in Co---Mo/Al2O3 hydrodesulfurization catalysts: Combined in situ Mössbauer emission spectroscopy and activity studies. J. Catal. 68. 453-463 (1981).

[lv] Wivel C.; Clausen B.; Candia R.; Mϕrus S.; Topsøe H. Mössbauer emission studies of calcined Co---Mo/Al_2O_3 catalysts: Catalytic significance of Co precursors. J. Catal. 87. 497 (1984).

[lvi] Sϕrensen O.; Clausen B.; Candia R.; Topsøe H. Hrem and Aem studies of HDS catalysts: Direct evidence for the edge location of cobalt in Co-Mo-Sa. Appl. Catal. 13. 363 (1985).

[lvii] Bouwens S.; Vanzon F.; Vandijk M.; Vanderkraan A.; Debeer V.; Vanveen J.; Koningsberger D. On the Structural Differences Between Alumina-Supported Comos Type I and Alumina-, Silica-, and Carbon-Supported CoMoS Type II Phases Studied by XAFS, MES, and XPS. J. Catal. 146. 375 (1994).

[lviii] Daage M.; Chianelli R. Structure-Function Relations in Molybdenum Sulfide Catalysts: The "Rim-Edge" Model. J. Catal. 149. 414 (1994).

[lix] Helveg S.; Lauritsen J.; Lægsgaard E.; Stensgaard I.; Norskov J.; Clausen B.; Topsoe H.; Besenbacher F. Atomic-Scale Structure of Single-Layer MoS_2 Nanoclusters. Phys. Rev. Lett. 84, 951 (2000).

[lx] Lauritsen J.; Helveg S.; Lægsgaard E.; Stensgaard I.; Clausen B.; Topsøe H.; Besenbacher F. Atomic-Scale Structure of Co–Mo–S Nanoclusters in Hydrotreating Catalysts. J. Catal. 197. 1 (2001).

[lxi] Scheffer, B., Molhoek, P., & Moulijn, J. A. (1989). Temperature-programmed reduction of $NiOWO_3/Al_2O_3$ hydrodesulphurization catalysts. *Applied catalysis*, *46*(1), 11-30.

[lxii] Scheffer B.; Dekker N.; Mangnus P.; Moulijn J. A temperature-programmed reduction study of sulfided Co---Mo/Al_2O_3 hydrodesulfurization catalysts. J. Catal. 121. 31 (1990).

[lxiii] Byskov L.; Norskov J.; Clausen B.; Topsøe H. Transition metal sulfides. In: T. Weber, R. Prins, R.A. van Santen, Editors, Chemistry, Catalysis NATO ASI Series 60, Kluwer Ac. Publ. Dordrecht 155 (1998).

[lxiv] Xu R.; Pang W.; Yu J.; Huo Q. J. Chen; Chemestry of Zeolites and Related Porous Materials: Synthesis and Structure; pág. 467-584 (2007).

[lxv] Belandria, L., Garcia, E., Rondón, J., Imbert, F., Uzcátegui, A., Villarroel, M., & Marín, M. (2010). Influencia de la variación de H_3 [P (W_3O_{10}) $_4]\times$ H_2O sobre mesoporosos MCM-41, en la reacción de isomerización de n-pentano. Avances en Química, 5(1), 67-71.

[lxvi] Kresge C.; Leonowicz M.; Roth W.; Vartuli J.; Beck J. Ordered mesoporous molecular sieves synthesized by a liquid-crystal template mechanism. Nature 359. pp 710 (1992).

[lxvii] Beck J.; Vartuli J.; Roth W.; Leonowicz M.; Kresge C.; Schmitt K.; Chu C.; Olson. D.; Sheppard E.; McCullen S.; Higgins J.; Schlenker J. A new family of mesoporous molecular sieves prepared with liquid crystal templates. J. Am. Chem. Soc. 114. pp 10834 (1992).

[lxviii] Attard G.; Glyde J.; Göltner C. Liquid-crystalline phases as templates for the synthesis of mesoporous silica. Nature; 378, pág. 366-368 (1995).

[lxix] Firouzi A.; Monnier A.; Bull L.; Besier T.; Sieger P.; Huo Q.; Walker S.; Zasadzinski J.; Glinka C.; Nicol J.; Margolese D.; Stucky G.; Chmelka B.

Cooperative Organization of Inorganic-Surfactant and Biomimetic Assemblies. Science; 267, pág. 1138-1143 (1995).

[lxx] Firouzi A.; Atef F.; Oertli A.; Stucky G.; Chemelka B. Alkaline Lyotropic Silicate–Surfactant Liquid Crystals. J. Am. Chem. Soc.; 119 pág. 3596-3610 (1997).

[lxxi] HuoQ.; Margolese D.; Ciesla U.; Feng P.; Gier T.; Sieger P.; Leon R.; Petroff P.; Schüth F.; Stucky G. Generalized Syntheses of Periodic Surfactant/Inorganic Composite Materials. Nature; 368, pág. 317-321 (1994).

[lxxii] Huo Q.; Margolese D.; Ciesla U.; Demuth D.; Feng P.; Gier T.; Sieger P.; Firouzi A.; Chmelka B.; Schüth F.; Stucky G. Organization of Organic Molecules with Inorganic Molecular Species into Nanocomposite Biphase Arrays. Chem. Mater.; 6, pág 1176-1191 (1994).

[lxxiii] Huo Q.; Leon R.; Petroff P.; Stucky G. Mesostructure Design with Gemini Surfactants: Supercage Formation in a 3-d Hexagonal. Science; 268, pág. 1324-1327 (1995).

[lxxiv] Huo Q.; Margolese D.; Stucky G. Surfactant Control of Phases in the Synthesis of Mesoporous Silica-Based Materials. Chem. Mater.; 8, pág. 1147-1160 (1996).

[lxxv] Zhao D.; Huo Q.; Feng J.; Chmelka B.; Stucky G. Nonionic Triblock and Star Diblock Copolymer and Oligomeric Surfactant Syntheses of Highly Ordered, Hydrothermally Stable, Mesoporous Silica Structures. J. Am. Chem. Soc.; 120, pág. 6024-6036 (1998).

[lxxvi] Zhao D.; Huo H.; Feng J.; Chmelka B.; Stucky G. Triblock Copolymer Syntheses of Mesoporous Silica with Periodic 50 to 300 Angstrom Pores. Science; 279, pág. 548-552 (1998).

[lxxvii] Yu C, Yu Y, Zhao D. Highly ordered large caged cubic mesoporous silica structures templated by triblock PEO-PBO-PEO copolymer. Chem. Commun, pág. 575-576 (2000).

[lxxviii] Israelachvili. J, Mitchel, Ninham. B. Theory of Self-Assembly of

Hydrocarbon Amphiphiles into Micelles and Bilayers. J. Chem. Soc. Faraday Trans. II; 72, pág. 1525-1568 (1976).

[lxxix] Kim J.; Sakamoto Y.; Hwang Y.; Kwon Y.; Terasaki O.; Park S.; Stucky G. Structural Design of Mesoporous Silica by Micelle-Packing Control Using Blends of Amphiphilic Block Copolymers. J. Phys. Chem. B; 106, pág. 2552-2558 (2002).

[lxxx] Zhu H.; Jones D.; Zajak J.; Roziere J.; Dutartre R. Periodic large mesoporous organosilicas from lyotropic liquid crystal polymer templates. Chem. Comm.; pág. 2568-2569 (2001).

[lxxxi] Feng P.; Bu X.; Stucky G.; Pines D. Monolithic Mesoporous Silica Templated by Microemulsion Liquid Crystals. J. Am. Chem. Soc.; 122, pág. 994-995 (2002).

[lxxxii] Klotz M.; Ayral A.; Guizard G.; Cot L. Synthesis conditions for hexagonal mesoporous silica layers. J. Mater. Chem.; (3), pág. 663-669 (2000).

[lxxxiii] Yang P.; Zhao D.; Chmelka B.; Stucky G. Triblock-Copolymer-Directed Syntheses of Large-Pore Mesoporous Silica Fibers. Chem. Mater.; 10, pág. 2033-2036 (1998).

[lxxxiv] Sayari A. Novel Synthesis of High-Quality MCM-48 Silica. J. Am. Chem. Soc.; 122, pág. 6504-6505 (2000).

[lxxxv] Kruk M.; Jaroniec M.; Ryoo R.; Joo R. Characterization of MCM-48 Silicas with Tailored Pore Sizes Synthesized via a Highly Efficient Procedure. Chem. Mater.; 12, pág. 1414-1421 (2000).

[lxxxvi] Kim M.; Ryoo R. Synthesis and Pore Size Control of Cubic Mesoporous Silica SBA-1. Chem. Mater.; 11, pág. 487-491 (2000).

[lxxxvii] Sakamoto K.; Kaneda M.; Terasaki O.; Zhao D.; Kimn J.; Stucky G.; Shin H.; Ryoo R. Direct imaging of the pore and cages of three-dimensional mesoporous materials. Nature; 408, pág. 449-453 (2000).

[lxxxviii] Yu C.; Tian B.; Fran J.; Stucky G.; Zhao D. Nonionic Block Copolymer Synthesis of Large-Pore Cubic Mesoporous Single Crystals by Use of Inorganic Salts. J. Am. Chem. Soc.; 124, pág. 4556-4557 (2003).

[lxxxix] Pauly T.; Pinnavaia T. Pore Size Modification of Mesoporous HMS Molecular Sieve Silicas with Wormhole Framework Structures. Chem. Mater; 13, pág. 987-993 (2001).

[xc] Prouzet. E, Pinnavaia. T. Assembly of Mesoporous Molecular Sieves Containing Wormhole Motifs by a Nonionic Surfactant Pathway: Control of Pore Size by Synthesis Temperature. Angew. Chem. Int. Ed.; 36, pág. 516-518 (1997).

[xci] Sayari A.; Liu P.; Kruk M.; Jaroniec M. Characterization of Large-Pore MCM-41 Molecular Sieves Obtained via Hydrothermal Restructuring. Chem. Mater.; 9, pág. 2499-2506 (1997).

[xcii] Ryoo R.; Ko C.; Kruk M.; Antochshuk V.; Jaroniec M. Block-Copolymer-Templated Ordered Mesoporous Silica: Array of Uniform Mesopores or Mesopore–Micropore Network?. J. Phys. Chem. B; 104, pág. 11465-11471 (2000).

[xciii] Jun. S.; Joo S.; Ryoo R.; Kruk M.; Jaroniec M.; Liu Z.; Ohsuna T.; Terasaki O. Synthesis of New, Nanoporous Carbon with Hexagonally Ordered Mesostructure. J. Am. Chem. Soc; 122, pág. 10712-10713 (2000).

[xciv] Impéror M.; Davidson P.; Davidson A. Existence of a Microporous Corona around the Mesopores of Silica-Based SBA-15 Materials Templated by Triblock Copolymers. J. Am. Chem. Soc.; 122, pág. 11925-11933 (2000).

[xcv] Joo S.; Ryoo R.; Kruk M.; Jaroniec M. Evidence for General Nature of Pore Interconnectivity in 2-Dimensional Hexagonal Mesoporous Silicas Prepared Using Block Copolymer Templates. J. Phys. Chem. B; 106, pág. 4640-4646 (2002).

[xcvi] Van P.; Benjelloun M.; Vansant E. Rationalization of the Synthesis of SBA-16: Controlling the Micro- and Mesoporosity. J. Phys. Chem. B; 106, pág. 9027-9032 (2002).

[xcvii] Galarneau A.; Cambon H.; Martin T.; De Menorval L.; Brunel D.; Di Renzo F.; Fajula F. SBA-15 versus MCM-41: are they the same material?; Nanoporous Materials III, Elsevier, Amsterdan, pág. 395-402 (2002).

[xcviii] Newalkar B.; Komarneni S. Control over Microporosity of Ordered Microporous–Mesoporous Silica SBA-15 Framework under Microwave-Hydrothermal Conditions: Effect of Salt Addition. Chem. Mater; 13, pág. 4573-4579 (2002).

[xcix] Freyhardt C.; Tsapatsis M.; Lobo R.; Balkus K.; Davis M. A high-silica zeolite with a 14-tetrahedral-atom pore opening. Nature; 381, pág. 295-298 (1996).

[c] Yoshikawa M.; Wagner P.; Lovallo M.; Tsuji K.; Takewaki T.; Chen C.; Beck L.; Jones C.; Tsapatsis M.; Zones S.; Davis M. Synthesis, Characterization, and Structure Solution of CIT-5, a New, High-Silica, Extra-Large-Pore Molecular Sieve. J. Phys. Chem. B; 102, pág. 7139-7147 (1998).

[ci] Corma A.; Diaz M.; Martinez J.; Rey F.; Rius J. A large-cavity zeolite with wide pore windows and potential as an oil refining catalyst. Nature; 418, pág. 514-517 (2002).

[cii] Kruk M.; Asefa T.; Jaroniec M.; Ozin. G. Metamorphosis of Ordered Mesopores to Micropores: Periodic Silica with Unprecedented Loading of Pendant Reactive Organic Groups Transforms to Periodic Microporous Silica with Tailorable Pore Size. J. Am. Chem. Soc.; 124, pág. 6383-6392 (2002).

[ciii] Hamoudi S.; Yang Y.; Moudrakovski I.; Lang S.; Sayari A. Synthesis of Porous Organosilicates in the Presence of Alkytrimethylammonium Chlorides: Effect of the Alkyl Chain Length. J. Phys. Chem. B; 105, pág. 9118-9123 (2001).

[civ] Sun T.; Ying J. Relative reward preference in primate orbitofrontal cortex. Nature; 389, pág. 704-706 (1997).

[cv] Cassiers K.; Linssen T.; Mathieu M.; Benjelloun M.; Schrijnemakers K.; Van Der P.; Cool P.; Vansant E. A Detailed Study of Thermal, Hydrothermal, and Mechanical Stabilities of a Wide Range of Surfactant Assembled Mesoporous Silicas. Chem. Mater.; 14, pág. 2317-2324 (2002).

[cvi] Fraile J.; García J.; Mayoral J.; Vispe E.; Brown D.; Naderi M. Is MCM-41 really advantageous over amorphous silica? The case of grafted titanium epoxidation catalysts. Chem. Commun, pág. 1510-1511 (2001).

[cvii] Reddy. J, Dicko. A, Sayari. A; Synthesis of Porous Materials; New York, pág. 405-415 (1997).

[cviii] Notari B. Microporous Crystalline Titanium Silicates. Adv. Catal.; 41, pág. 253-334 (1996).

[cix] Kruk M.; Jaroniec M.; Sayari A. A Unified Interpretation of High-Temperature Pore Size Expansion Processes in MCM-41 Mesoporous Silicas. J. Phys. Chem. B; 103, pág. 4590-4598 (1999).

[cx] Sayari. A, Karra. V, Reddy. J, Moudrakovski. I; Mater. Res. Soc. Symp. Proc.; 371, pág. 81-86 (1995).

[cxi] Sayari. A, Reddy. K, Moudrakovski. I; Zeolite Science 1994: Recent Progress and Discussions; Elsevier, Amsterdam, pág. 19-24 (1995).

[cxii] Moyaka R. Improving the Stability of Mesoporous MCM-41 Silica via Thicker More Highly Condensed Pore Walls. J. Phys. Chem. B; 103, pág. 10204-10208 (1999).

[cxiii] Mokaya R. Hydrothermally stable restructured mesoporous silica. Chem. Commun. (10) pág. 933-934 (2001).

[cxiv] Koyano K.; Tatsumi T.; Tanaka Y.; Nakata S. Stabilization of Mesoporous Molecular Sieves by Trimethylsilylation. J. Phys. Chem. B; 101, pág. 9436-9440 (1997).

[cxv] O'Neil A.; Moyaka R.; Poliakoff M. Supercritical Fluid-Mediated Alumination of Mesoporous Silica and Its Beneficial Effect on Hydrothermal

Stability. J. Am. Chem. Soc.; 124, pág. 10636-10637 (1999).

[cxvi] Pauly T.; Petkov V.; Liu Y.; Billinge S.; Pinnavaia T. Role of Framework Sodium versus Local Framework Structure in Determining the Hydrothermal Stability of MCM-41 Mesostructures. J. Am. Chem. Soc.; 124, pág. 97-103 (2002).

[cxvii] Kloetstra K.; Van H.; Jansen J. Mesoporous material containing framework tectosilicate by pore–wall recrystallization. Chem. Commun, pág. 2281-2282 (1997).

[cxviii] Karlsson A.; Stöcker M.; Schmidt R. Composites of micro- and mesoporous materials: simultaneous syntheses of MFI/MCM-41 like phases by a mixed template approach. Microporous Mesoporous Mater.; 27, pág. 181-192 (1999).

[cxix] Huang L.; Guo W.; Deng P.; Xue Z., Li Q. Investigation of Synthesizing MCM-41/ZSM-5 Composites. J. Phys. Chem. B; 104, pág. 2817-2823 (2002).

[cxx] Liu Y.; Zhang W.; Pinnavaia T. Steam-Stable Aluminosilicate Mesostructures Assembled from Zeolite Type Y Seeds. J. Am. Chem. Soc.; 122, pág. 8791-8792 (2002).

[cxxi] Liu Y.; Zhang W.; Pinnavaia T. Steam-Stable MSU-S Aluminosilicate Mesostructures Assembled from Zeolite ZSM-5 and Zeolite Beta Seeds. Angew. Chem. Int. Ed.; 40, pág. 1255-1258 (2001).

[cxxii] Liu Y.; Pinnavaia T. Assembly of Hydrothermally Stable Aluminosilicate Foams and Large-Pore Hexagonal Mesostructures from Zeolite Seeds under Strongly Acidic Conditions. Chem. Mater; 14, pág. 3-5 (2002).

[cxxiii] Zhang Z.; Han Y.; Xiao F.; Qiu S.; Zhu L.; Wang R.; Yu Y.; Zhang Z.; Zou B.; Wang Y.; Sun H.; Zhao D.; Wei Y. Mesoporous Aluminosilicates with Ordered Hexagonal Structure, Strong Acidity, and Extraordinary Hydrothermal Stability at High Temperature. J. Am. Chem. Soc.; 123, pág. 5014-5021 (2001).

[cxxiv] Zhang Z.; Han Y.; Xiao F.; Qiu S.; Zhu L.; Wang R.; Yu Y.; Zhang Z.; Zou B.; Wang Y.; Sun H.; Zhao D.; Wei Y. Strongly acidic and high-temperature

hydrothermally stable mesoporous aluminosilicates with ordered hexagonal structure. Angew. Chem. Int. Ed.; 40, pág. 1258-1262 (2001).

[cxxv] Kim J.; Kim S.; Ryoo R. Synthesis of MCM-48 single crystals. Chem. Commun. (2) pág. 259-260 (1998).

[cxxvi] Che S.; Sakamoto Y.; Tersaki O.; Tatsumi T. Control of Crystal Morphology of SBA-1 Mesoporous Silica. Chem. Mater.; 13, pág. 2237-2239 (2001).

[cxxvii] Guan S.; Inagaki S.; Ohsuna T.; Terasaki O. J. Am. Chem. Cubic Hybrid Organic−Inorganic Mesoporous Crystal with a Decaoctahedral Shape. Soc.; 122, pág. 5660-5661 (2001).

[cxxviii] Sayari A.; Hamoudi S.; Yang Y., Moudrakovski I.; Ripmeester J. New Insights into the Synthesis, Morphology, and Growth of Periodic Mesoporous Organosilicas. Chem. Mater.; 12. pág. 3857-3863 (2000).

[cxxix] Yang H.; Coombs N.; Ozin G. Morphogenesis of shapes and surface patterns in mesoporous silica. Nature, 386, pág. 692-695 (1997).

[cxxx] Zhao D.; Sun J.; Li Q., Stucky G. Morphological Control of Highly Ordered Mesoporous Silica SBA-15. Chem. Mater.; 12, pág. 275-279 (2000).

[cxxxi] Park. S, Lee. C, Cheon. J, Park. D. Formation mechanism of PMO with rope- and gyroid-based morphologies via close packing of secondary building units. J. Mater. Chem.; (12), pág. 3397-3403 (2001).

[cxxxii] Ozin G. Morphogenesis of Biomineral and Morphosynthesis of Biomimetic Forms. Acc. Chem. Res.; 30. pág. 17-27 (1997).

[cxxxiii] Yada M.; Hiyososhi H.; Ohe K.; Machida M.; Kijima T. Synthesis of Aluminum-Based Surfactant Mesophases Morphologically Controlled through a Layer to Hexagonal Transition. Inorg. Chem.; 36. pág. 5565-5569 (1997).

[cxxxiv] Verhoef M.; Koyman P.; Peters J.; Van Bekkum H. A study on the stability of MCM-41-supported heteropoly acids under liquid- and gas-phase esterification conditions. Micropor. Mesopor. Mat. 27. 365 (1999).

[cxxxv] Brunel D.; Canvel A.; Fajula F.; Di Renzo F. MCM-41 type silicas as supports for immobilized catalysts. Stud. Surf. Sci. Catal., 97. 173 (1995).

[cxxxvi] Junges U.; Jacobs W.; Voight-Martin I.; Krutzsch B. MCM-41 as a support for small platinum particles: a catalyst for low-temperature carbon monoxide oxidation. J. Chem. Soc. Chem. Commun., 22. 2283 (1995).

[cxxxvii] Huybrechts D.; De Bruycher L.; Jacobs P. Oxyfunctionalization of alkanes with hydrogen peroxide on titanium silicalite. Nature, 345. 240 (1990).

[cxxxviii] Tolbert, S. H., Schäffer, T. E., Feng, J., Hansma, P. K., & Stucky, G. D. (1997). A new phase of oriented mesoporous silicate thin films. *Chemistry of materials*, *9*(9), 1962-1967.

[cxxxix] Kresge C.; Leonowicz M.; Roth W.; Vartuli J.; Beck J. Ordered mesoporous molecular sieves synthesized by a liquid-crystal template mechanis. Nature 359. pp 710 (1992).

[cxl] Anderson M. Simplified Description of MCM-48. Zeolites 19. 220 (1997).

[cxli] Galarneau A.; Driole M.; Petitto C.; Chiche B.; Bonelli B.; Armandi M.; Onida B.; Garrone E.; Di Renzo F.; Fajula F. Effect of post-synthesis treatment on the stability and surface properties of MCM-48 silicas. Micropor. Mesopor. Mater. 83. 172 (2005).

[cxlii] Sayari A. Novel Synthesis of High-Quality MCM-48 Silica. J. Am. Chem. Soc.; 122, pág. 6504-6505 (2000).

[cxliii] Kruk M.; Jaroniec M.; Ryoo R.; Joo R. Characterization of MCM-48 Silicas with Tailored Pore Sizes Synthesized via a Highly Efficient Procedure. Chem. Mater.; 12, pág. 1414-1421 (2000).

[cxliv] Corma A. From microporous to mesoporous molecular sieve materials and their use in catalysis. Chem. Rev. 97. 2373 (1997).

[cxlv] Hussain Mu.; Song S.; Lee J.; Ihm S. Characteristics of CoMo Catalysts Supported on Modified MCM-41 and MCM-48 Materials for Thiophene Hydrodesulfurization. *Ind.* Eng. Chem. Res. *45* (2), 536–543 (2006).

[cxlvi] Wu X.; Mahalingam A.K.; Wan Y.; Alterman M. Fast microwave promoted palladium-catalyzed synthesis of phthalides from bromobenzyl alcohols utilizing DMF and $Mo(CO)_6$ as carbon monoxide sources Tetrahedron. Lett. 45. 24, 7. 4635-4638 (2004).

[cxlvii] Nava H. Pedraza F, Alonso G. "Nickel-Molybdenum-Tungsten Sulphide catalysts prepared by in situ activation of tri-metallic (Ni-MoW) alkylthiomolybdotungstates". CatalysisLetters 99(2005) 65-71.

[cxlviii] Huirache R.; Albiter M.; Paraguay F.; Lumbreras J.; Ornelas C.; Martínez R.; Alonso G. Síntesis y caracterización de catalizadores No soportados de sulfuros de Ni, Mo y W para la HDS de DBT. Revista Mexicana de Ingeniería Química. Vol. 5. No. 3. 285-292 (2006).

[cxlix] Hagenbach, G., Courty, Ph. y Delmon, B. Physicochemical investigations and catalytic activity measurements on crystallized molybdenum sulfide-cobalt sulfide mixed catalysts. *Journal of Catalysis 31*, 264-273. (1973)

[cl] Candia, R., Clausen, B.S. y Topsøe, H. The origin of catalytic synergy in unsupported Co-Mo HDS catalysts. *Journal of Catalysis 77*, 564-566. (1982).

[cli] Zdrazil, M. Recent advances in catalysis over sulphides. *Catalysis Today 3*, 269-365. (1988).

[clii] Alonso, G., Berhault G., Aguilar, A., Collins, V., Ornelas, C., Fuentes, S. y Chianelli, R. R. Characterization and HDS Activity of Mesoporous MoS_2 Catalysts Prepared by in Situ Activation of Tetraalkylammonium Thiomolybdates. *Journal of Catalysis 208*, 359-369. (2002).

[cliii] Ma X.; Sun L.; Song C. A new approach to deep desulfurization of gasoline, diesel fuel and jet fuel by selective adsorption for ultra-clean fuels and for fuel cell applications. Catalysis today 77. 107 (2002).

[cliv] Sosa E.; Rodríguez P.; Aguirre F.; Belandria L.; Uzcátegui A.; González G y Imbert, F. Hidroisomerización de n-pentano sobre Pt/H-BEA. Avances en Química, 4(1), 25-36 (2009).

[clv] Rondón, J., Meléndez, H., Lugo, C., del Castillo, H., & Imbert, F. (2016). Síntesis, caracterización y actividad catalítica de MoS_2/MCM-48 en la hidrodesulfuración de dibenzotiofeno. Avances en Química, 11(1), 35-45.

[clvi] Jones, D. & Pujadó, P. Handbook of petroleum processing: Springer. (2006).

[clvii] Vradman L.; Landau M.; Herskowitz M.; Ezersky V.; Talianker M.; Nikitenko S.; Koltypin Y.; Gedanken A. High loading of short WS_2 slabs inside SBA-15: promotion with nickel and performance in hydrodesulfurization and hydrogenation. J. Catal. 213. 163 (2003).

[clviii] Gutiérrez O.; Fuentes G.; Salcedo C.; Klimova T. SBA-15 supports modified by Ti and Zr grafting for NiMo hydrodesulfurization catalysts. Catal. Today 116. 485 (2006).

[clix] Zhao, D. Y.; Feng, J. L.; Huo, Q. S.; Melosh, N.; Fredrickson, G. H.; Chmelka, B. F.; Stucky, G. D. Triblock copolymer synthesis of mesoporous silica with periodic 50 to 300 angstrom pores. Science 1998, 279, 548−552.

[clx] Rondón, J., Lugo, C., Meléndez, H., Pérez, P., Del Castillo, H., & Imbert, F. (2021). Estudio de sólidos heterogéneos del tipo $NiMoS_2$/MCM-48 y actividad catalítica en la hidrodesulfuración de dibenzotiofeno. Revista Ciencia e Ingeniería. Vol, 42(2).

[clxi] Alonso, G., Chianelli, R. R. y Fuentes, S., Molybdenum sulfide/carbide catalysts. US Patent Application Publication US 2005, 0059545. (2005).

[clxii] Alvarez L.; Espino J.; Ornelas C.; Rico J.; Cortez M.; Berhault G.; Alonso G. Comparative study of MoS_2 and Co/MoS_2 catalysts prepared by ex situ/in situ activation of ammonium and tetraalkylammonium thiomolybdates. J. Mol. Catal. A: Chem. 210. 105-117 (2004).

[clxiii] Domínguez M. Tesis Doctoral: "Estudio de las propiedades electrocataliticas y cataliticas de materiales nanoestructurados base Ni, Co y Mo", Instituto Politécnico Nacional. Escuela Superior de Ingeniería Química e Industrias Extractivas, México, D. F. México. (2005).

[clxiv] Candía R.; Clausen B.S.; Topsoe H. Proc. 9th. Int. Congr. Catal. Phillips M J. Ternan M. (eds) 152 (1994).

[clxv] Weber Th.; Muijsers J. C.; Niemantsverdriet J. W. Structure of Amorphous MoS3 J. Phys. Chem., Vol. 99, 22, 9194–9200 (1995).

[clxvi] Garcia, E., Rondón, J., Belandria, L., Meléndez, H., Lugo, C., & Imbert, F. (2010). Reformado seco de metano sobre Ni-Co soportado mediante impregnación sobre nanopartículas de MgO. Ciencia e Ingeniería, 31(2), 77-82.

[clxvii] Lugo, C., García, E., Rondón, J., Meléndez, H., Pérez, P., & Del Castillo, H. (2009). Síntesis de óxidos mixtos de Co, Ni y Cu sobre MgO por el método de combustión con urea y estudio en la reacción de reformado seco de metano con CO_2. Ciencia e Ingeniería, 31(1), 53-59.

[clxviii] Lopez J, Bolivar C, Scott C. Hidrotratamiento (HDT) de gasóleo de vacío (VGO) utilizando catalizadores Ni-Mo, Co-Mo soportados, preparados mediante intercambio iónico y adsorción. Tesis. Caracas, Universidad Central de Venezuela, Facultad de Ingeniería. Escuela de Ingeniería Química., 92 Pág. (2007).

[clxix] Klimova T.; Calderón M.; Ramirez J. Ni and Mo interaction with Al-containing MCM-41 support and its effect on the catalytic behavior in DBT hydrodesulfurization. Applied Catalysis A: General 240. 29–40 (2003).

[clxx] Michaud, P., Lemberton, J. L., & Pérot, G. (1998). Hydrodesulfurization of dibenzothiophene and 4, 6-dimethyldibenzothiophene: Effect of an acid component on the activity of a sulfided NiMo on alumina catalyst. *Applied Catalysis A: General, 169*(2), 343-353.

[clxxi] Bataille, F., Lemberton, J. L., Michaud, P., Pérot, G., Vrinat, M., Lemaire, M., ... & Kasztelan, S. (2000). Alkyldibenzothiophenes hydrodesulfurization-promoter effect, reactivity, and reaction mechanism. *Journal of catalysis, 191*(2), 409-422.

[clxxii] Knudsen, K. G., Cooper, B. H., & Topsøe, H. (1999). Catalyst and process technologies for ultra-low sulfur diesel. *Applied Catalysis A: General, 189*(2), 205-215.

[clxxiii] Yoosuk B.; Kim J.; Song C.; Ngamcharussrivichai C.; Prasassarakich P. Highly active MoS_2, $CoMoS_2$ and $NiMoS_2$ unsupported catalysts prepared by hydrothermal synthesis for hydrodesulfurization of 4,6-dimethyldibenzothiophene. Catal. Today 130. 14–23 (2008).

[clxxiv] Song C.; Madhusudan K. Mesoporous molecular sieve MCM-41 supported Co±Mo catalyst for hydrodesulfurization of dibenzothiophene in distillate fuels. Applied Catalysis A: General 176, 1-10 (1999).

[clxxv] Babich I.; Moulijn J. Science and technology of novel processes for deep desulfurization of oil refinery streams: a review. Fuel 82. 607 (2003).

[clxxvi] Rollmann L. Catalytic Hydrogenation of Model Nitrogen, Sulfur, and Oxigen Compounds. J. Catal. 46. 243 (1977).

[clxxvii] Nag N.; Sapre A.; Broderick D.; Gates B. Hydrodesulfurization of Polycyclic aromatics Catalized by Sulfided CoO-MoO_3/γ-$Al2O_3$. J. Catal. 57. 509 (1979).

Printed by Books on Demand GmbH, Norderstedt / Germany